대량살상무기

Weapons of Mass Destruction

탄생과 소멸 그리고 미래

김성일·계영식·김동욱

도서출판 양서각

대량살상무기(WMD)
탄생과 소멸, 그리고 미래

저자 김성일, 계영식, 김동욱
펴낸이 신대영
펴낸곳 양서각

등록 1992년 4월 30일(제3-421호)
경기도 가평군 청평면 소돌말길 7-6
반품처 서연물류
e-mail ysgbook@haanmail.net
tel 010-2063-5489
fax 02-907-2114

값 18,000원
ISBN 978-89-5568-517-6

머리글

이 책은 화학무기, 생물학무기, 핵무기 그리고 방사능무기와 같은 대량살상무기(WMD)와 관련된 업무를 연구하는 사람이나 이제 배워보려고 하는 사람, 또는 대량살상무기와 관련한 고위정책결정자, 실무 담당자, 대응 전략과 작전을 계획하고 실행하는 군인, 혹은 단순히 이 분야에 관심을 가진 일반인이든지 상관없이 쉽게 읽어볼 수 있도록 구성하였다. 그렇다고 해서 이 책이 이 분야의 모든 차원을 아우를 수 있다는 뜻은 아니다. 다만 단순히 관심을 가진 일반인이나 이제 학습을 시작하는 학생에게도 훌륭한 입문서가 될 수 있을 뿐만 아니라 정책결정자나 전략가, 실무자에게도 의미 있는 참고서가 될 수도 있다는 의미이다. 아울러, 관련 전문가에게는 그동안 본의 아니게 간과했거나 고민해보지 못했던 부분에 대한 통찰력을 제공할 수도 있다. 왜냐하면, 저자들이 그런 의도로 쓰게 된 책이기 때문이다.

사실 대량살상무기와 관련된 서적은 생각 외로 많다. 외국 서적은 더 많지만, 국내 서적도 상당한 양이 있다. 다만 이러한 책들은 화학무기나 핵무기와 같은 한 분야만을 다루거나 대량살상무기가 개발, 이용된 역사적 사실을 다루거나, 아니면 이를 둘러싼 국제정치적 논쟁이나 확산과 사용을 금지하기 위한 국제협력체제를 다루고 있다. 즉, 이 모두를 포괄하는 책은 없는 실정이다. 물론 국방부에서 편찬한 서적이 한 권 있지만, 내부용이라 일반 독자들은 접할 수가 없기에 오직 실무자를 위한 참고서라고 생각한다. 한편 이 책을 통해 대량살상무기의 어느 한 분야만 하더라도 방대한 양의 주제가 될 수 있다는 것을 부인할 의도는 전혀 없다. 다만 저자들은 대량살상무기도 무기(weapons)라는 관점에서 특히, 무기의 살상력(lethality)과 관련된 과학기술(science and technology)과의 관계 속에서 대량살상무기의 출현 배경과 그를 뒷받침하는 과학기술을 종합적으로 이해할 필요가 있다고 생각했다. 또한 왜 대량살상무기의 사용을 제한하는가에 대한 이론적, 규범적 논거들을 포괄적으로 살펴본 책이 거의 없기 때문에 이를 살펴볼 필요도 있다고 생각했다. 아울러 대량살상무기의 개발, 보유 및 사용을 제한하는 국제협력체제의 한계점과 문제점들뿐만 아니라, 과학기술의 발전 양상을 통해 과연 대량살상무기의 미래는 어떻게 될 것인지도 예상해보고 싶었다. 이것들이 바로 저자들이 이 책을 쓰게 된 배경이자 목적이 되었다.

제1장은 무기와 과학기술과의 관계 속에서 무기의 살상력이 증대되면서 결국 대량살상무기가 탄생하게 되었으며, 대량살상무기의 과도하고 무차별적 살상력과 파괴력으로 인해 인도주의적 국제규범과 제도가 대량살상무기의 사용을 제한하게 되는 일련의 이론적 프로세스를 설명하고 있다.

제2장부터 4장까지는 생물학무기, 화학무기, 핵무기 순으로 무기의 개발 역사, 종류와 특성을 과학기술적인 측면에서 살펴보고, 각각의 개발, 보유와 사용을 제한하거나 금지하기 위한 국제협력체제를 국제정치와 규범적 측면에서 들여다본다.

제5장은 과학기술의 발전 추세를 통해 미래의 대량살상무기 위협 양상과 이를 이용한 테러리즘 위협을 예상해보고, 이러한 위협과 위험을 최소화 또는 제거하기 위한 노력을 다루었다.

이 책은 대량살상무기와 관련된 모든 과학기술과 국제체제를 빠짐없이 포함하지는 못했다. 또한, 대량살상무기의 중요한 운반수단 중의 하나인 미사일은 포함하지 않았다. 이러한 부족한 점에도 불구하고 이 책은 대량살상무기와 관련한 업무와 학업을 하거나, 관심 있는 일반인 독자들도 체계적이고 포괄적인 관점에서 바라볼 수 있는 출발점을 제공할 수 있다고 생각한다.

끝으로, 이 책의 집필을 지원해주신 육군사관학교 화랑대연구소와 관계자분들, 그리고 육군사관학교 명예교수 정우영 박사님, 한국원자력통제기술원 정책위원 백승혁 박사님, 화생방방재연구소장 박재완 박사님을 포함하여 집필 과정에서 소중한 의견을 주시고 격려해 주신 모든 분에게 감사를 드립니다.

2021년 10월 화랑대에서 저자 일동

본 저서는 육군사관학교 화랑대연구소의 2021년도
저술활동비를 지원받아 출간되었음.

차 례

제1장

들어가면서

제1절 전쟁과 무기 그리고 과학기술

인류(mankind)에게 갈등(conflict)은 항상 존재했고, 갈등을 해결하는 최후의 수단은 전쟁(war)[1]이었으며, 전쟁은 정의(justice)가 아니라 힘(power)에 의해 승패가 갈렸다. 인류는 문명과 과학기술의 발달에 힘입어 더욱 큰 파괴력과 살상력이 높은 무기를 만들었고, 이로 인해 전쟁으로 인한 피해는 과거에 비해 더욱 커져 왔다. 이처럼 무기체계의 발달로 무기의 파괴력과 살상력이 증가되었으며, 과도한 고통을 수반하거나 민간인과 전투원을 구분하지 않고 무차별적으로 살상에 이르게 하는 비인도적 무기(예: 지뢰, 독가스 등)들도 출현하게 되었다. 전쟁을 방지하고 비인도적인 무기의 개발과 사용을 금지하기 위한 수많은 노력에도 불구하고 아직도 전쟁과 테러에서 사용이 금지된 무기들이 운용되고 있다.[2]

과학기술(Science & Technology)은 인류의 편익을 위해 발전되어 왔지만, 전쟁을 위한 무기의 개발에도 꾸준히 이용되었다. 이처럼 과학기술이 이룬 성과들은 효율적인 파괴의 준비와 실행에 이용되고 있으며, 대량파괴 또는 대량살상이라는 공포로 바뀌었다. 특히 핵무기의 사용과 인위적인 전염병의 유발에 의한 파괴와 살상에는 한계가 없다. 군사적으로 이용되면서 더욱 진보한 과학기술은 전쟁의 모습을 급격하게 변화시켰다. 화학무기의 발전을 촉진한 제1차 세계대전은 과학이 전쟁에서 할 수 있는 비극의 전조를 보여주었다. 1938년 핵분열이라는 과학적 발견은 1945년 제2차 세계대전을 종식시킨 원자폭탄을 생산하였다. 이후의 냉전체제는 과학기술이 무기의 파괴력을 경쟁적으로 증대시키도록 강요하였다. 멈출 줄 모르는 파괴력의 경쟁은 결국 수소폭탄과 생물학무기를 만들어냈다.[3]

국가가 전쟁을 대비하기 위해 군대를 보유하는 것은 일반적이고 필수적이다. 국가들이 군대를 보유하는 것은 전형적인 '죄수의 딜레마'[4]로 간주되기 때문이다. 국가들이 모두 군대를 갖지 않으면 모두 최선의 결과를 얻는다. 그러나 국가들이 모두 군대를 갖지 않기로 한 약속을 강제할 수단이 없다. 따라서 국가들은 군대를 보유하는 차선을 선택하게 된다. 즉 군대는 국가의 평화를 지킬 유일한 방법이기 때문이다.[5] 그러므로, 국가가 전쟁을 치르지 않더라도 군대를 유지하는 데는 일정 수준의 비용이 든다. 군사비용의 지출은 전쟁에 대비한 보험료와 같기 때문이다. 문제는 적정한 군사비가 얼마인지 알기가 실제로는 어렵다는 점이다. 경제적으로 적정 군사비는 "마지막 한 단위 돈을 군사비로 지출함으로써 얻을 수 있는 한계이익이 그러한 돈을 민간부문에 사용하지 못함으로써 얻지 못하는 한계비용과 같을 때의 비용"이라 할 수 있다.

국내총생산에 대한 군사비의 비율로 적정 군사비를 비교하기도 한다. 그러나 어느 정도의 비율로 군사비를 지출하는가가 중요한 것이 아니라 어느 정도로 군사비를 지출해야 군대가 효과적인 군사력을 갖춰 전쟁을 억제하고 평화를 유지할 수 있는가가 중요하다. 이 때문에 한계이익과 한계비용이 구체적으로 얼마나 되는지 추정하기는 매우 어렵다.[6]

무기란 무엇인가

무기(weapon)는 전투에서 공격하는 힘이 되거나 방어를 제공받기 위해 직·간접적으로 사용하는 장비나 도구를 말한다. 과거의 무기는 단순하여 장비나 도구 자체를 무기라고 칭하였다. 그러나 과학기술의 발달로 무기 자체의 구성뿐만 아니라 운용하는 사람과 조직도 복잡하고 다양하게 되어 이를 하나의 시스템으로 관리하면서 무기체계(weapon system)라는 용어가 사용되었다.[7] 무기체계란 무기 자체와 해당 무기의 사용 목적을 달성하기 위해 필요한 인원, 소프트웨어, 시설, 자재, 보급, 전술, 교육훈련 등의 종합체계를 말한다.

과학기술이 발전하면서 무기의 성능(파괴력, 사거리, 정확도 등)이 획기적으로 향상되었다. 무기체계는 일반 장비에 비해 비용, 품질 등에 대한 요구수준이 더 높을 뿐만 아니라 정치, 경제적 요인에 의해서도 영향을 받는다.[8] 무기는 인간이 사용하기 위해 인간이 만든 것이어서 각각의 무기의 탄생과 소멸에는 각각의 이유와 사연이 있기 때문이다.[9] 또한, 정치가들이 무기를 어떻게 사용하는가에 따라 인명을 살상하는 악마가 될 수도 있고, 전쟁을 억제하고 평화를 유지하는 천사가 될 수도 있다.[10]

무기와 과학기술의 관계

인류는 끊임없이 전쟁을 치르면서 과학기술의 발전과 더불어 새로운 무기와 전투기술을 개발하였다. 특히 무기는 대부분 당시의 첨단기술을 이용하여 개발되었으며, 새로운 무기가 등장하게 되면 더불어 새로운 전술이 개발되었다. 이처럼 무기와 전술 그리고 과학기술은 밀접한 관계가 있다.[11] 제2차 세계대전 이후 국가 주도의 연구개발은 대부분 군사기술 개발에 집중되었다. 표 1과 그림 1에서 보는 것처럼 미국과 영국의 연구개발 비용은 제2차 세계대전 전후에 급격하게 증가하였고, 군사부문은 공공부문에 비해 압도적인 증가 추세를 보였다.[12]

표 1. 제2차 세계대전 전후의 연구개발 비용 현황

단위: 백만 파운드

구 분	기 업			정 부					
				공공부문			군사부문		
	1937년	1955년	1962년	1937년	1955년	1962년	1937년	1955년	1962년
미 국	61	920	1,800	20	140	960	5	710	2,800
영 국	3	65	213	3	36	139	1.5	214	246

그림 1. 제2차 세계대전 전후의 연구개발 비

단위: 백만 파운드

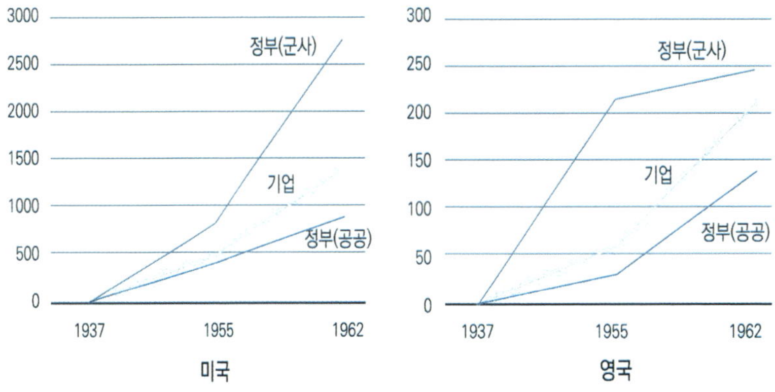

군사기술 발전을 위한 과학자들의 역할

프랑스의 생화학자(세균학)인 루이 파스퇴르(Louis Pasteur)가 "과학에는 국경이 없지만, 과학자는 조국이 있다."고 언급한 것처럼 수많은 과학자들이 조국을 위해 새로운 무기의 개발과 군사과학 기술의 발전에 기여하였다.

제1차 세계대전 이전인 1911년 독일은 '국방에 과학의 도움을 받는다'는 목표 아래 카이저 빌헬름 협회(Kaiser Wilhelm Institutes)를 설립하고 많은 전문 연구소를 운영하였다. 프리츠 하버(Fritz Haber)도 이 협회가 설립한 베를린 연구소에서 화학무기를 개발했다. 제1차 세계대전 이후 독일은 과학기술을 더욱 엄격하게 국가통제 아래에 두었고, 이를 위해 1920년 독일학술연구협회를 설립하였다. 나치 정권 출범 이후에 독일연구협회(DFG, Deutsche Forschungsgemeinschaft)로 재편되어 모든 학회와 협회를 통합하였고, 모든 학자와 연구자뿐만 아니라 학생들까지 학회에 강제로 가입시켜 과학기술의 국가총동원 체제를 구축하였다.

영국도 1914년 과학기술위원회(CST, Council for Science and Technology)를 설립하였고 1916년에는 과학기술연구청을 신설하였다. 나치 독일의 항공 폭격에 대비하여 1934년 방공과학조사위원회(CSSAD, Committee for the Scientific Survey of Air Defence)를 설립하여 전파를 이용하여 조기경보 시스템을 갖추기 위해 레이더 개발에 힘을 쏟아 1935년에 세계 최초로 성공하였다.

일본에서도 1917년 이화학연구소(RIKEN Institute of Physical and Chemical Research)를 설립하여 최고의 과학자들을 동원하였고, 제2차 세계대전 중에는 비밀리에 원자폭탄 연구를 했다고 한다. 1932년 설립한 일본학술진흥회(JSPS, Japan Society for the Promotion of Science)는 일본이 군국주의로 기울어지면서 대부분 군사 목적의 연구를 지원하는 대표적인 기관이 되었다.

미국도 유럽 열강에 뒤처지지 않기 위해 1916년 미국학술연구회를 설립했고, 1933년에는 더욱 강력한 자문기관으로 과학고문회의를 설치했다. 제2차 세계대전 시에는 국방연구위원회(NDRC, National Defense Research Committee)를 만들어 본격적인 국방과학기술 연구에 나섰다. 1941년에는 '과학연구개발국(OSRD, Organization for Science Research and Development)'을 신설하여 국방과 관련된 기초연구로부터 무기 생산에 이르는 모든 조직을 총괄하였다.[13]

군사기술과 무기 살상력의 관계

'군사혁명'은 1960년대부터 구 소련군 총참모부가 처음 사용한 용어이다. 처음에는 핵미사일에 적용되었지만, 점차 재래식 무기의 화력을 증폭시키는 기술을 포함하게 되었다. 미군은 1991년 막강한 화력으로 압승을 거둔 걸프전 이후 '군사혁명'에 대한 활발한 논의를 진행하였다. 처음에는 '군사기술혁명(Military Technical Revolution)'이라고 불렀으나, 새로운 기술만을 포함하는 것이 아니라는 의미에서 '군사혁명'으로 바꿔 부르게 되었다. 군사혁명은 새로운 무기의 장점, 특히 살상력을 극대화할 수 있도록 '패러다임을

전환'하는 것을 의미하였다.[14]

한편 1964년 미국의 HERO(Historical Evaluation and Research Organization)는 기원전부터 오늘날까지 사용되었던 무기의 단위 시간당 살상력을 이론적으로 계산하였다. 단위 시간당 살상력은 무기의 발사속도, 발당 치사표적의 수, 유효사거리, 정확도, 신뢰도 등

그림 2. 무기의 이론적 살상력 지수 변화(1780~2000년)

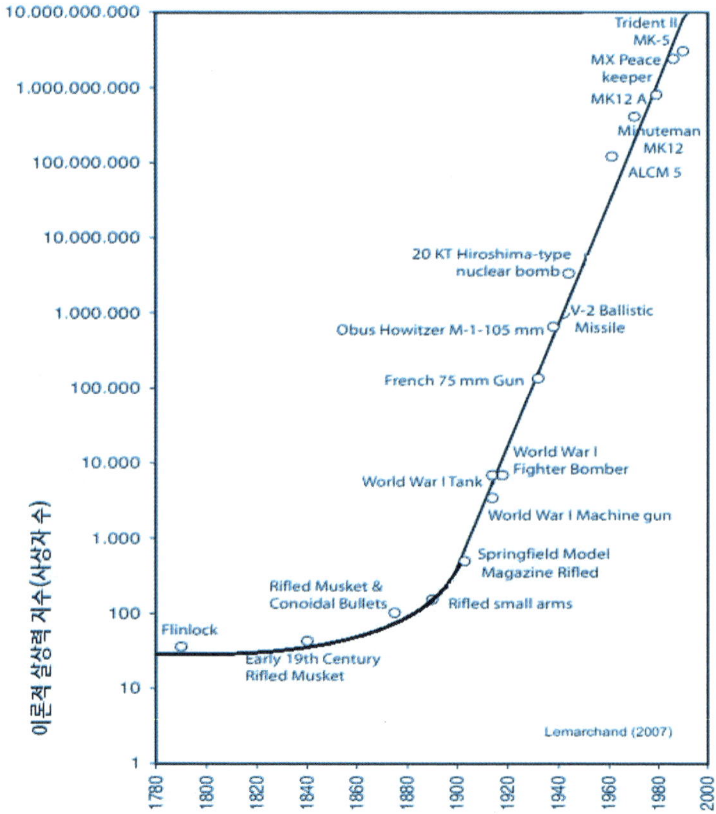

출처 : G. Lemarchand & J. Lomberg(2011), Communication among Interstellar Intelligent Species, Communication with Extraterrestrial Intelligence, State University of New York Press, Albany Figure 24.3(p.389)을 편집하여 사용하였다.

을 고려하여 계산하였다. 실제 무기의 성능은 단순히 그 무기의 기술적 성능만으로 산출할 수는 없지만, 무기의 살상력은 과학기술의 발전과 더불어 그림 2에서 보는 것처럼 지수함수적으로 증가하고 있음을 알 수 있다.[15]

제2절 대량살상무기의 탄생

왜 대량살상무기라고 부르는가

1937년 4월 26일 스페인 게르니카(Guernica)의 광장은 장날이어서 사람들로 붐볐다. 오후 4시 30분경 공습경보가 울리자 사람들은 지하대피소로 피했다. 곧 독일 하인켈-51 폭격기 1대가 폭탄을 투하한 뒤 사라지자 사람들은 공습이 끝났다고 생각하고 대피소를 나와 부상자들을 구조하기 시작했다. 이때 독일의 콘도르 비행단 본대가 나타나 폭탄을 퍼부었고, 들판으로 도망가는 시민들에게 하인켈-51 폭격기들이 저공비행으로 총알을 퍼부었다. 이어서 5시 15분경 융커-52 폭격기 3개 대대가 2시간 30분 동안 무차별 폭격을 가하였다. 이 공격으로 1,654명이 사망했고, 889명이 부상당했다.[16]

영국 일간지 「London Times」는 독일 공군의 게르니카 공중폭격으로 발생한 대규모의 민간인 희생과 파괴된 도시의 참상을 보도하는 기사를 싣고 "It would be with all the new weapons of mass destruction"라고 묘사하였다. 이것이 대량살상무기라는 용어가 최초로 사용된 것이다.

그림 3. 폭격으로 폐허가 된 게르니카 시내

출처 : "[세계의 제노사이드] 게르니카, 국가폭력과 민간인 학살", 오마이뉴스, 2018. 4.1. http://www.ohmynews.com/NWS_Web/View/at_pg.aspx?CNTN_CD= A0002419502)

1945년 원자폭탄이 사용된 이듬해인 1946년 유엔 원자력위원회(Atomic Energy Commission)는 첫 결의안을 작성하면서 핵무기와 같이 재래식무기와 비견되는 무기를 "atomic weapons and of all other weapons adaptable to mass destruction"라고 정의하기 시작하였다. 1948년 유엔이사회는 「대량살상무기」(WMD; Weapons of Mass Destruction)라는 용어를 공식적으로 사용하였으며, "핵폭발무기, 방사능무기, 치명적인 화학무기 및 생물학무기 또는 미래에 개발될 무기 중에서 상기 무기들에 상당한 파괴 효과를 갖춘 무기"[17]로 정의하였다.

2014년 미 국방부는 『WMD대응전략서』에서 대량살상무기를 "대량의 인명 살상과 대규모 파괴가 가능한 화학, 생물학, 방사능 또는 핵무기나 장치"[18]로 정의하였다. 현재 『한미 군사용어사전』은 대량살상무기를 “대량의 인명 살상 또는 대규모 파괴가 가능한 무기로서, 고성능폭탄, 핵, 화학, 생물학 및 방사능 무기”로 정의하면서, 수송수단이나 분리 가능한 추진수단은 포함하지 않고 있다.

대량살상무기란 무엇인가

일반적으로 핵 및 방사능 무기, 화학무기, 생물학무기를 대량살상무기(WMD)로 분류한다. 핵무기는 핵반응 방식에 따라 원자폭탄, 증폭핵분열탄과 같은 핵분열무기, 수소폭탄(열핵폭탄)과 같은 핵융합무기로 세분할 수 있고, 사용목적에 따라 전략핵무기와 전술핵무기로 구분할 수 있다. 방사능 물질을 확산시켜 피해를 유발하는 ‘방사능 무기(radiological weapons)’가 있고, 투과력이 매우 강한 중성자를 이용하여 차폐된 인원을 살상하는 ‘중성자탄(enhanced radiation bomb)’이 있다. 화학무기는 일반적으로 인체에 작용하는 독성에 따라 신경작용제, 수포작용제, 혈액작용제, 질식작용제, 구토작용제, 최루작용제 등으로 분류하며, 작동 방식에 따라 일원화탄(unitary system)과 이원화탄(binary system)으로 구분할 수 있다. 생물학무기에는 바이러스, 박테리아(세균), 리케차, 곰팡이와 같은 병원성 미생물과 생명체가 대사과정에서 분비하는 독성물질을 추출한 독소가 있다.[19]

대량살상무기는 ① 치명적인 살상력(lethality), ② 가공할만한 파괴력(mass-destruction), ③ 과학기술의 이중용도(dual purpose), ④ 전략적 유용성, ⑤ 가성비(살상력 대비 경제성) 등 재래식무기와는 확연히 다른 특성이 있다. 대량살상무기의 치명적인 살상력과 가공할만한 파괴력을 이용하여 전략적 목표에 사용될 수 있어 '전략무기' 또는 '억제무기'로 불린다.

특히 대량살상무기는 일상에서 평화적으로 유용하게 사용되고 있는 기술을 이용하여 제조할 수 있다. 핵무기는 원자력발전과 동일하게 핵분열반응을 이용한 것이며, 필요한 핵물질은 모두 핵연료주기를 통해 얻어진다. 화학무기의 원료들은 비료, 살충제, 의약품 등에 사용되는 것이고, 생물학무기도 백신이나 의약품의 제조과정을 통해 생산할 수 있다.

또한 대량살상무기는 재래식무기와 비교하여 상대적으로 획득비용이 저렴하다.[20] 무기의 경제성을 평가하는 극단적인 지표인 Q-50[21]을 기준으로 비교할 때, 2016년 기준 재래식무기의 Q-50은 약 1,300만 원인 반면, 핵무기는 약 500만 원이고, 화학무기는 약 400만 원이다. 생물학무기의 Q-50은 1만 원도 되지 않기 때문에 인명 살상 관점에서 압도적으로 가장 효율적인 무기라고 할 수 있다.[22]

대량살상무기는 경제력과 군사력 간의 비례 관계를 과거보다 약화시키는 효과가 있다. F-22 1대도 살 돈이 없는 알카에다도 대량살상무기를 사용하면 세계에서 가장 부유한 미국에 끔찍한 피해를 줄 수 있다. 대량살상무기는 경제력 규모가 작은 테러 조직이나 가난한 나라에 획득비용에 비해 더 큰 파괴력을 가진 무기를 안겨줄 수 있다. '전통적인 위협'과 '비전통적인 위협', 그리고 '정규전'과

'비정규전'의 경계는 거의 사라지고 있다. 따라서 비국가 조직들도 전염병이나 화학무기와 같은 비전통적인 위협과 비대칭적인 무기에 더 많이 의존하게 될 것이다.[23]

제3절 대량살상무기의 확산 통제

제2차 세계대전 이후 설립된 국제연합(United Nation, UN)은 전쟁의 위법성을 규정한 부전조약[24] 체제를 발전시켜 모든 회원국이 분쟁을 평화적으로 해결할 것과 무력의 행사와 무력에 의한 위협을 금지할 것을 기본원칙으로 명시하고 있다(유엔헌장 제2조 3항과 4항). 또한 금지대상을 법률상의 '전쟁'에 한정하지 않고 '무력(armed foece) 행사'와 '무력에 의한 위협'까지 확대하면서 분쟁의 평화적 해결 절차(제10조, 제33~38조)를 상세히 규정하고 있다.[25] 다만 자위권(self-defense) 차원에서 무력을 사용하는 경우(제51조), 유엔안보리의 무력 사용 승인이 있는 경우(제42조), 지역적 기구 또는 협정에 의해 무력 사용의 승인이 있는 경우(제53조)만은 예외적으로 합법적인 무력 사용으로 허용하고 있다.[26]

전쟁 또는 전투에서 적군을 죽이는 것이 살인이라는 비도덕적 행동이 아닌 이유는 전투 상황을 '정당방위가 보편화된 상황'으로 간주하기 때문이다. 니버(Reinhold Niebuhr)는 그의 저서 『도덕적 인간과 비도덕적 사회(Moral Man and Immoral Society)』에서 인간은 개인적으로 양심과 도덕성을 가지고 있지만, 공동체의 단위가 커질수록 비도덕적 상황이 정상적인 것으로 여겨진다고 주장한다. 피난과 같은 최악의 상황에서 부모는 굶고 있는 자식들을 위해 남의 것을 쉽게 훔칠 수도 있는데 이는 자식을 굶기지 말아야 한다는 도덕적 의무감이 도둑질이라는 비도덕적 행동을 합리화하기 때문이라고 설명하고 있다.[27]

비도덕적인 무기란 무엇인가

그렇다면 도덕적인 무기와 비도덕적인 무기를 구분할 수 있는 것일까? 유엔헌장의 원칙을 지킨다면 모두 도덕적인 무기로 볼 수 있는 것일까? 재래식무기는 도덕적인 무기이고, 핵무기와 같은 대량살상무기는 비도덕적인 무기일까? 이러한 의문점들을 이해하기 위해서는 재래식무기와 대량살상무기를 둘러싼 도덕성 논란에 대해 먼저 이해할 필요가 있다.

독가스의 아버지로 불리는 프리츠 하버(Fritz Haber)는 포탄보다 독가스가 더 인간적인 무기라고 굳게 믿었다. 그는 "어떤 방법으로 죽든지 죽음은 그냥 죽음일 뿐이다. 총을 맞고 서서히 피를 흘리며 죽는 것이나 독가스를 마셔서 빨리 죽는 것이나 별로 다를 바가 없다."고 주장하였다. 하버의 주장과 달리 대량살상무기를 비도덕적인 무기라고 주장하는 사람은 "대부분의 국가들이 전쟁에서 사용하지 않기로 합의하였으며, 총알 또는 포탄과는 달리 전투원과 비전투원을 구분하지 않고 모든 사람을 무차별적으로 죽일 수 있기 때문에 비도덕적이다."라고 말한다.

그러나 재래식무기에 의해서도 민간인과 같은 비전투원이 피해를 입을 수 있기 때문에 대량살상무기만 비도덕적인 무기로 보는 것은 무리가 있다. 또한 대량살상무기만을 비도덕적 무기로 간주할 경우에는 재래식무기에 의한 비전투원의 피해는 용인될 수 있는 것으로 오해할 소지가 있다.[28] 따라서 대량살상무기뿐만 아니라 재래식무기도 비도덕적 무기에 포함될 수 있음을 유념해야 한다. 그렇다면 어떠한 기준에 의해 비도덕적 또는 비인도적인 무기를 구분하는 것일까?

국제인도법으로 사용을 금지한 전투수단(무기)

국제인도법(International Humanitarian Law, 이하 인도법)이라는 용어는 오래전부터 사용되었으나, 1971년 국제적십자위원회(International Committee fo the Red Cross, ICRC)와 유엔이 공동 개최한 '무력 분쟁에 적용되는 국제인도법의 재확인과 발전'을 위한 정부 전문가 회의에서 사용되면서 정식명칭이 되었으며, 일반적인 용어로 사용되고 있다. 인도법은 "사람뿐만 아니라, 사람에게 불가결한 물자를 보호하기 위해 명확히 인도적 성질을 갖고 무력 분쟁을 규제하는 규칙"으로 인도적인 이유로 적대행위, 무력 행동, 무기의 사용 등의 한계를 규정하는 국제조약 또는 국제관습법상의 규칙 및 규범을 포함한다.

전쟁은 본질적으로 파괴성과 비인도성을 내재하고 있어 적대국을 굴복시키기에 유효한 정도의 무력 사용을 넘어 인간의 생존권을 위협한다. 인도법은 이러한 무력 분쟁에 일정한 규제를 가하여 인간의 생존권을 확보하는 데 그 목표가 있다.[29] 이처럼 인도법은 전쟁으로 인해 발생하는 부수적 피해(collateral damage)를 감소시키기 위해 ① 전투원(combatant)과 비전투원(noncombatant) 모두를 불필요한 고통으로부터 보호하고, ② 적에게 구류된 사람의 기본적인 인권을 보장하며, ③ 평화의 회복을 촉진하고자 한다. 이를 위해 인도법은 국제적 무력 분쟁에서 전투행위와 수단을 규제함으로써 그 기능을 수행한다.[30]

현대전에서 핵무기를 포함한 대량살상무기의 출현과 사용 가능성이 인도법의 실효성을 상당하게 저하시켰다고 평가되기도 한다. 그러나 WMD가 대규모로 사용되는 무력 분쟁은 인도법뿐만 아니라 모든 국제법 체계와 각국의 국내법 체계도 무너뜨릴 것이다. 이러한 사례는 제1·2차 세계대전, 이란·이라크전쟁, 시리아내전 등 현대전의 사례에서 어렵지 않게 찾아볼 수 있다. 또한 인도법은 강제할 수단이 없으므로 긴급한 상황에 처하게 되면 무력 분쟁에서 승리하기 위해 이를 어길 개연성이 증가한다.

그러나 일반적으로 국제법의 실효성은 반드시 강제 수단에 의해서만 보장되는 것이 아니라 국제여론, 제3국과의 이해관계, 국제무역 관계, 국내 여론 및 정치 상황 등 여러 요인에 의해 보장될 수 있다. 더욱이 오늘날에는 국가 간의 관계가 다중으로 복잡하게 얽혀있고, 통신수단과 대중매체의 급격한 발달에 따라 파급력 있는 국내 및 국제여론이 빠르게 형성되어 국가 간의 관계에 영향을 미칠 수 있기 때문에 인도법의 실효성이 더욱 강하게 보장받을 수 있

을 것으로 보인다.[31]

앞서 서술한 바와 같이 교전국 간의 전투수단은 무제한적으로 사용될 수 있는 것이 아니라 국제조약과 국제관습법에 의해 제한된다. 따라서 교전국은 국제법이 금지하는 전투수단을 사용할 수 없으며, 국제법으로 금지하지 않더라도 무제한적인 전투수단의 사용은 제한된다.[32] 그러나 대량살상무기와 같은 특정 무기를 보유한 국가는 사용의 금지 또는 규제를 피하려고 노력할 것이기 때문에 그러한 무기의 사용을 금지하는 것이 국제법에서 가장 어려운 부분이다.

인도법에서 무기의 사용을 금지하는 기준은 「헤이그규칙」[33]과 「제1추가의정서」[34]에 잘 규정되어 있으며, 크게 세 가지를 들 수 있다. 첫 번째는 '과도한 상해(superfluous injury)나 불필요한 고통(unnecessary suffering)을 야기할 수 있는 무기'의 사용을 금지한다.[35] 「상트페테르부르크(St. Petersburg) 선언」의 전문에 의하면 '불필요한 고통'은 "전투 외에 있는 사람에게 불필요한 고통을 주거나 죽음에 이르게 하는 것"이다.[36] 두 번째는 '자연환경에 광범위하고 장기적으로 심각한 손상을 초래하는 무기'의 사용을 금지한다.[37]

세 번째는 군사시설과 민간시설 또는 전투원과 비전투원을 구별하지 않고 파괴 또는 살상하는 무차별적인(indiscriminate) 무기의 사용을 금지한다.[38] 무차별적인 무기는 화학무기, 생물학무기 및 핵무기와 같은 대량살상무기뿐만 아니라 지뢰, 집속탄(cluster bomb) 등도 포함한다.[39]

대량살상무기의 사용 규제

대량살상무기(WMD)의 사용을 일괄 금지하거나 제한하는 국제법은 존재하지 않는다. 그러나 인도법에서 불필요한 고통을 주는 무기의 사용과 무차별적인 살상 및 자연환경의 파괴를 금지하고 있으므로 무력 충돌에서 대량살상무기의 사용은 명백한 국제법 위반행위라고 할 수 있다. 1925년 제네바의정서와 1972년 생물학무기금지협약(BWC) 및 1993년 화학무기금지협약(CWC) 등이 새롭게 발효되었으나 협약에 규정되지 않은 것과 상관없이 모든 화학적 및 생물학적 방법을 국제적 무력 충돌에서 무기로 사용하는 것은 금지된다. 1969년 유엔총회 결의(제2063호)도 이를 일반적으로 수락된 국제법의 규칙으로 인정하고 있다. 반면 핵무기 사용의 위법성에 대한 견해는 일치하지 않고 있다.

일반적으로 핵무기는 방사능에 의한 피해효과를 피할 수 없으므로 인도법에서 불필요한 고통과 무차별적인 피해를 주는 무기의 사용을 금지하고 있다는 점에서 위법이라 볼 수 있다. 또한 헤이그규칙 제23조와 제네바의정서의 틀에서도 핵무기의 사용은 허용되지 않는다는 견해는 대다수 국가들의 지지를 얻고 있다. 1961년 유엔총회 결의(제1653호)는 "핵무기가 무차별적 고통과 인류의 파괴를 초래하여 국제법의 규칙과 인도법과 모순될 뿐만 아니라 인류와 문명에 대한 범죄가 된다"고 선언했고, 1972년 유엔총회 결의(제2936호)는 "핵무기의 사용을 영구 금지한다."고 선언하였다.[40]

1996년 국제사법재판소(ICJ)의 권고의견과[41] 2021년 핵무기금지조약(TPNW: Treaty on the Prohibition of Nuclear Weapons)의 발효로 국제적 무력 분쟁에서의 핵무기 사용은 기본적으로 비인도적 행위가 되었다고 볼 수 있다. 그러나 여전히 핵보유국들은 핵무기를 선제적으로 사용하지 않고 자위권 차원으로 한해서 사용한다면 합법적인 무기의 사용으로 본다. 나아가 핵무기는 강대국 간의 대규모 전쟁을 예방함으로써 국제평화를 유지하는 데 기여한다는 견해를 유지하고 있다.

참고문헌

1 전쟁에 대한 수많은 사전적 정의와 이론가들의 정의가 있지만, '무장투쟁'이라는 공통점을 가진다. 이러한 측면에서 클라우제비츠(1780~1831)가 『전쟁론』에서 밝힌 "전쟁이란 상대를 굴복시켜 자기의 의지를 실현하기 위해 사용하는 폭력행위다."라고 정의한 것이 대체로 명확한 정의라고 볼 수 있다. 전쟁의 목적은 한 국가의 의지를 실현하는 것이고, 수단은 무력이며, 목표는 상대국의 굴복이라는 것이다. 힘(무력)의 무제한적인 행사로 상대방을 격멸하여야 상대를 굴복시킬 수 있으며, 자기의 의지를 관철시킬 수 있다는 것이다.

2 김창진, 『전쟁사와 무기체계』, 서울:문운당, 2019, 2~7쪽.

3 J. D. 버날(김성연 외 옮김), 『과학의 역사 3, 현대편』, 서울:한울, 1995, 158~159쪽.

4 협력적 선택이 두 사람 모두에게 최선임을 알면서도 상대방이 배신할 위험 때문에 자신의 이익이 최대화된 선택을 함으로써 두 사람 모두 최악의 결과를 가져오는 것을 말한다.

5 권오상, 『무기의 경제학』, 서울:미디어플래닛, 2018, 15~16쪽.

6 권오상, 앞의 책, 19~25쪽.

7 김창진, 앞의 책, 17쪽.

8 이진호, 『무기의 이해』, 서울:양서각, 2007, 3~4쪽.

9 남도현, 『무기의 탄생』, 서울:플래닛미디어, 2014, 6~7쪽.

10 김성조, 『재미있는 무기의 세계』, 서울:에덴기획, 2004, 250쪽.

11 이진호, 앞의 책, 5쪽.

12 버날, 앞의 책, 175~176쪽.

13 마스카와 도시히데(김범수 옮김), 『과학자는 전쟁에서 무엇을 했나』, 서울:동아시아, 2017, 20쪽.

14 맥스 부트(송대범·한태영 옮김), 『전쟁이 만든 신세계』(원제: Made in War), 서울:플래닛미디어, 2008, 47~49쪽.

15 이진호, 『무기의 이해』, 서울:양서각, 2007, 7~8쪽.

16 피터 퍼타도(김희진·박누리 옮김), 『죽기 전에 꼭 알아야 할 세계 역사 1001 Days』(원제: 1001 Days that Shaped the World), 마로니에북스, 2009, 704쪽.

17 nuclear fission weapons, radiological weapons, fatal chemical germ weapons, and future weapons that have destructive effects.

18 chemical, biological, radiological, or nuclear weapons or devices

capable of a high order of destruction or causing mass casualties.

19 김철환, 『대량살상무기』, 국방대학교, 2005, 11~12쪽.

20 김철환, 앞의 책, 8~10쪽.

21 Q-50은 민간인 거주지역 1㎢에 무기를 사용하여 인구의 50%를 살상하는 데 필요한 비용으로 정의한다.

22 권오상, 『무기의 경제학』, 서울:미디어플래닛, 2018, 55~56쪽.

23 맥스 부트, 앞의 책, 886~889쪽.

24 「전쟁 포기에 관한 조약」(Treaty for the Renunciation of War), 일명 Kellog-Briand Pact로 불리며 1928년 8월 27일 서명하고 1929년 7월 24일 발효되었다.

25 이용호, 『전쟁과 평화의 법』, 영남대학교, 2001, 17쪽.

26 김영석, 『국제인도법』, 서울:박영사, 2012, 6쪽.

27 조경근, 『핵전쟁은 일어날까』, 경성대학교, 2016, 87~90쪽.

28 김유항·황진명, 『전쟁은 어떻게 과학을 이용했는가』, 경기:사과나무, 2021, 57~61쪽.

29 후지타 히사카즈(이민효·김유성 옮김), 『국제인도법』, 서울:연경문화사, 2010, 20~21쪽.

30 김영석, 『국제인도법』, 서울:박영사, 2012, 4쪽.

31 후지타, 앞의 책, 75~79쪽.

32 김영석, 앞의 책, 29쪽.

33 1907년 헤이그 회의에서 체결된 제4협약으로 「육전에서의 법과 관습에 관한 협약」과 그 부속규칙을 말한다.

34 1977년 「제네바 제 협약에 대한 추가 및 국제적 무력 충돌의 희생자 보호에 관한 의정서」를 말한다.

35 헤이그규칙 제23조 e항; 제1추가의정서 제35조 2항

36 후지타. 앞의 책 103~104쪽.

37 제1추가의정서 제35조 3항과 제55조 1항; 「환경변경기술의 군사적 또는 적대적 사용의 금지에 관한 협약」(ENMOD협약)

38 제1추가의정서 제51조 4~5항

39 김영석, 앞의 책, 30~31쪽.

40 후지타, 앞의 책, 113~119쪽.

41 1996년 국제사법재판소는 "핵무기의 사용은 전투원과 비전투원을 구별하지 않는 무차별적인 살상 효과를 초래하기 때문에 무력충돌에 관한 국제법 위반"이라는 권고의견을 제시하였다.(ICJ, Nuclear Weapons Case, Advisory Opinion, para. 238.)

제2장

생물학무기

제1절 생물학무기의 탄생

생물학무기란 무엇인가

생물학무기란 자연계에 존재하는 병원성 생물체 또는 유독성 대사산물을 사람이나 동·식물에게 접촉시켜 질병을 유발시키는 모든 생물학작용제를 말한다.[1] 그리고 생물학작용제는 사람이나 동·식물에게 질병을 유발할 목적으로 사용하는 병원성 미생물과 독소를 말한다. 살아있는 유기체인 병원성 미생물은 일반적으로 곰팡이(fungi), 리케차(rickettsia), 세균(bacteria), 바이러스(virus) 등으로 분류한다. 마이코플라즈마(mycoplasma)[2]도 생물학작용제로 사용될 가능성이 있다. 잘 알려져 있는 병원성 미생물 또는 탄저균, 페스트균, 콜레라균 등 7종의 세균과 티푸스균 등 7종의 리케차, 천연두바이러스 등 14종의 바이러스가 있다.

독소는 동·식물, 병원균의 체내에서 추출한 유독성 생화학 물질이며, 보툴리늄 독소 등 8가지 독소가 생물학작용제로 분류되어 있다. 독소는 보통 신경독소와 세포독소로 구분한다. 신경독소는 신경계통을 마비시켜 사망하게 만든다. 세포독소는 세포의 단백질 합성을 방해하거나 세포를 파괴함으로써 소화기, 호흡기 또는 혈액순환 계통, 피부 등 다양한 조직에 영향을 미친다.[3]

그림 1. 중세 유럽의 흑사병 창궐

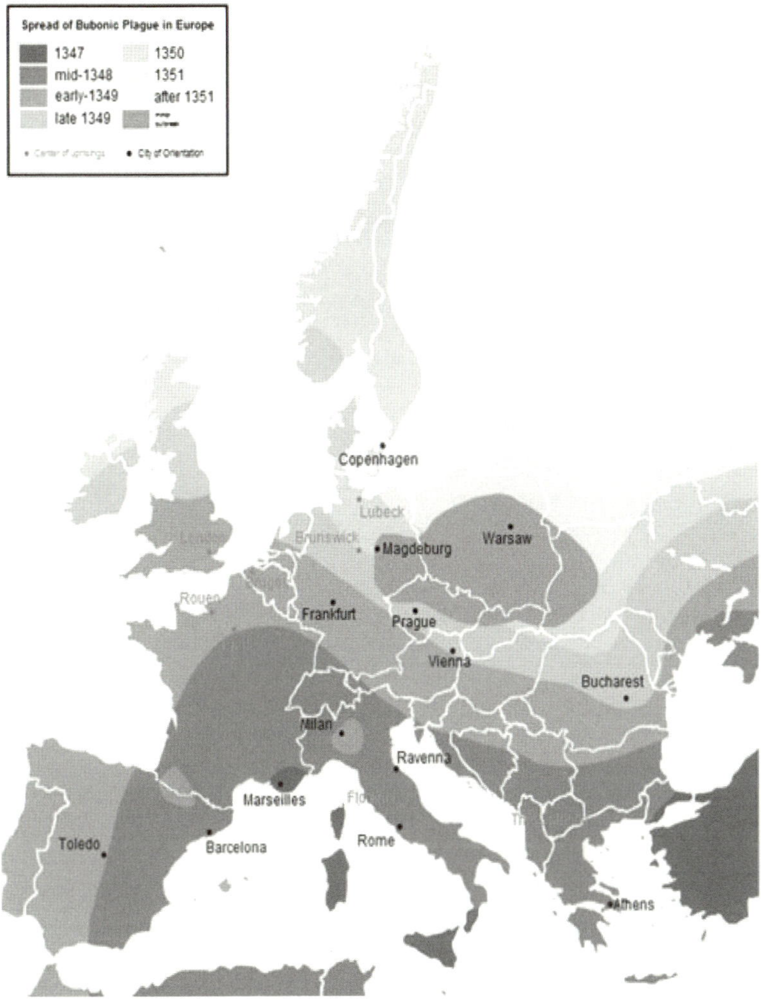

출처 : creative commons license image(original author: Roger Zenner)

생물학무기는 어떻게 사용되었는가

〈 중세 〉

1347년부터 1351년까지 유럽 인구의 약 30% 이상이 흑사병(또는 페스트, Plague; Pestilence)으로 목숨을 잃었다. 14세기 유럽에 전파된 흑사병은 몽골 제국과 관련되어 있다. 몽골 제국의 네 개 칸(Kahn) 국가 중의 하나인 킵차크 칸국의 자니베크(Janibeg) 칸은 크림반도 남쪽 해안의 제노바 무역항인 카파(Kaffa)를 포위 공격하였으나, 흑사병이 창궐하여 많은 몽골군은 병력을 잃게 되었다. 몽골군이 철수한 이후에 도시에 흑사병이 퍼지게 되었고[4] 카파로부터 탈출한 상선들이 1347년 10월 시칠리아(Sicilian)섬 북동쪽에 위치한 메시나(Messina) 항에 도착하면서 유럽에 흑사병이 전파되었다. 11월 초에는 이탈리아 본토로 번졌으며, 1351년에는 유럽 전역으로 퍼지게 되었다.[5]

1489년 스페인은 그라나다에서 이슬람 세력과 전쟁을 위해 투르크인과 키프로스인 용병을 고용한 직후 티푸스가 발병하여 스페인군 17,000여 명이 사망하였다. 이때 전투로 사망한 사람은 고작 3,000여 명이었다. 1519년 아즈텍 왕국(현재의 멕시코)은 스페인의 코르테스 군대가 전염시킨 천연두에 의해 1521년 아즈텍의 수도인 테노치틀란(현 멕시코시티) 인구의 절반 이상이 사망하였다. 아즈텍을 탈출한 주민들에 의해 마야 왕국에도 천연두가 전파되어 1527년

남미 전체 인구의 10분의 1이 감소하였다. 1616년 이후 북미에 정착한 유럽인들에 의해 천연두가 퍼져 인디언 원주민의 절반 이상이 사망하였다.[6]

〈 근대 〉

1767년 영국군은 프랑스군을 돕는 인디언 원주민에게 선물로 천연두 환자나 사망자가 사용한 모포와 수건을 선물하여 인디언 원주민을 천연두로 죽게 하였다. 1812년 나폴레옹의 러시아원정에서 50만여 명이 넘는 병력 중에서 5분의 1이 폴란드에서 이질과 티푸스로 감염되어 사망하거나 무력화되었고, 이후 계속되는 질병으로 병력이 줄어들어 러시아에 도착한 병력은 13만여 명, 모스크바로 진격한 병력은 고작 9만여 명이었다. 러시아원정에서 패배한 나폴레옹 군대는 독일로 퇴각하였고, 이때 생환한 병력은 35,000여 명에 불과하였으며, 이후 나폴레옹은 몰락의 길을 걷게 되었다.[7]

〈 제1차 세계대전 〉

제1차 세계대전(1914~1918년)에서 전사한 사람은 약 850만여 명으로 보고되었다. 이 시기에 세르비아군은 티푸스의 창궐로 15만 명이 사망하였고, 1918년 유행한 스페인 독감으로 유럽 대륙에서 약 2,500만여 명이 사망한 것으로 추산되고 있다. 1917~1921년 러시아에서 유행한 티푸스로 러시아인 2,000만여 명이 감염되어 300만여 명이 사망하였다. 전쟁 중에 독일군이 탄저균, 콜레라균, 페스트균, 독감 바이러스로 연합군을 공격하였다는 주장이 있었지만, 구체적인 증거는 찾을 수 없었다. 그러나 제1차 세계대전 이후인 1925년 전쟁에서 화학무기와 생물학무기의 사용을 금지하는 '제네바의정서'가 만장일치로 채택되었다.[8]

〈 제2차 세계대전 〉

제2차 세계대전(1939~1945년)에 참전한 거의 모든 국가들은 실전에 사용하기 위한 생물학무기를 개발하였다. 독일군은 나치 친위대의 위생학연구소에 티푸스 및 바이러스 연구부를 설치하고 유대인 수용자를 대상으로 전염병의 감염과 백신의 효과를 확인하기 위해 생체실험을 진행하였다.

일본군도 '731부대'를 만들어 생물학무기 개발을 활발히 진행하였다. 731부대 지휘관인 이시이 시로 중장은 "세균전은 살상범위가 넓고 전략적으로 이롭다."고 역설하였다. 일본군은 1935~1936년 동안 총 네 개의 세균전 부대를 창설하였다. 1936년 중국 헤이룽장성 하얼빈 남쪽 20km 지점에 관동군 산하 세균전 비밀연구소를 설립하고 '방역급수부대'로 부르다가 1941년부터는 '731부대'로 바꿔 불렀다.

731부대는 8개 부서, 3,000여 명으로 편성되었고, 전염병 연구는 제1부가 담당하였다. 페스트, 장티푸스, 콜레라 등을 주로 연구하였으며, 감염 메커니즘을 확인하기 위해 세균을 인체에 직접 주사하거나 세균 폭탄을 투하하기도 하였다. 1945년까지 전쟁포로와 구속된 민간인을 대상으로 각종 생체실험을 자행하였다. 생체실험을 당한 피험자들은 '껍질 벗긴 통나무'를 뜻하는 '마루타'로 불렸으며, 최소 3,000여 명의 중국·러시아·한국·몽골인들이 희생되었다.[9]

그림 2. 일본 관동군 산하 731부대

출처 : "[충격! 진상 일본의 생체실험⑥] 관동군731 특수부대 진상조사 개요", 시사주간, 2019.9.25.

그림 3. 영국의 탄저균 실험(그뤼나드섬)

출처 : https://animalogic.ca/blog/the-strange-history-of-britains-anthrax-island

한편 영국은 1942년 스코틀랜드 연안의 그뤼나드 섬에서 탄저균을 생물학무기로 이용한 시험을 진행하였다. 탄저균 폭탄을 이용하여 양 60마리를 감염시키는 실험을 실행하였으며, 3일 후부터 양들이 탄저병으로 죽는 것을 확인하였다. 이 실험 이후 섬 전체를 완전히 소독하기까지 46년 동안 사람이 살지 못하였다.[10]

〈 냉전~현재 〉

미국의 생물학무기 프로그램은 제2차 세계대전 중에 추진되었으며, 1943년 4월 세워진 포트 디트릭(Fort Detrick)이 중심이 되었다. 초기 예산은 25만 달러였으나, 제2차 세계대전이 끝나갈 즈음에는 원자폭탄 개발을 위한 맨해튼 프로젝트에 이어 두 번째로 큰 규모의 예산과 인력(약 4천여 명)이 투입되었다. 미시시피(Mississippi)주 혼 섬(Horn Island)과 유타(Utah)주 더그웨이(Dugway) 성능시험장에서 곤충을 매개체로 사용한 생물학무기 시험을 실시하였다.[11]

제2차 세계대전 이후 미국과 소련은 핵무기뿐만 아니라 생물학무기의 개발도 경쟁하기 시작하였다. 핵무기보다 개발 비용이 적게 들고, 빠르게 성과를 얻을 수 있으며, 핵무기와 시너지효과를 낼 수 있다는 판단 때문이었다.[12] 1947년 미국 정부는 제2차 세계대전 중 일본군 731부대가 시행한 방대한 세균전과 생체실험 관련 자료를 건네받는 조건으로 이시이 시로 중장을 포함한 731부대원들을 전범 기소에서 면제해 주는 것으로 결정하였다.[13]

1950년에는 포트 디트릭에 미육군생물학전연구소(U.S. Army Biological Warfare Laboratories; USBWL)를 설립하여 생물학무기의 개발을 주도하도록 하였다. 1951년 아칸소(Arkansas)주의 파인블러프(Pine Bluff) 군수공장에 생물학무기 생산시설을 설치하여 1954년 브루셀라균을 충진한 파편폭탄을 생산하였다. 1955년에는 야토병균을 대규모로 생산하였고, 1964년에는 바이러스와 리케차 생산설비를 갖추었다. 미국의 생물학무기 프로그램은 1969년 공식적으로 폐지되었고, 보유하고 있던 생물학무기는 모두 폐기되었다.[14]

구소련도 여러 도시에 생물학무기 개발 및 생산시설을 건설하였다. 1954년에는 아랄해(Aral Sea)의 보즈로즈데니에(Vozrojdeniye) 섬에 아랄스크-7(Aralsk-7)이라는 생물학무기 시험장을 설치하여 운영하였다. 1980년대 말에는 총 100여 개의 시설에 3천여 명 이상의 인원이 생물학무기 개발 사업에 종사하게 되었다. 1979년 4월 스베르들롭스크(Sverdlovsk)주에 있는 생물학무기 시설인 제19군 기지에서 탄저균 포자가 누출되어 70여 명의 주민이 사망하는 사고가 발생하였다.[15]

1989년 영국으로 망명한 구소련 생화학 전문가 블라디미르 파세츠니크의 진술과 미국·영국의 생물학 전문가 조사팀의 현장조사에 의하면 구소련은 1972년 발효된 생물학무기금지협약(BWC)을 위반하고 '대규모의 공격적인 생물학전 프로그램'을 계속 운영하였다. 구소련 붕괴 직후 1992년 2월 러시아 옐친 대통령은 미국 부시 대통령과의 정상회담에서 이러한 사실을 인정하였으며, 이 프로그램을 즉시 폐기하겠다고 약속했지만 지켜지지는 못했다.

1992년 구소련에서 미국으로 망명한 미생물학자 켄 알리베크(Ken Alibek)는 다음과 같이 진술하였다. 구소련은 수백 톤의 탄저균과 천연두를 포함한 병원성 세균들을 은밀히 생산해 왔으며, 소련 국방성 제15부 통제 아래 러시아와 카자흐스탄 지역의 40곳 이상 100여 개의 시설에서 3천 명 이상을 고용하고 있는 민간 제약회사 '바이오프리패럿(Biopreparat)'이 그 실체라고 하였다. 그중에서 카자흐스탄 북부의 스테프노고르스크(Stepnogorsk)에 위치하여 '과학실험 생산기지(Scientific Experimental and Production Base)'로 알려진 '미생물과학 기술연구소(Scientific and Technical Institute for Microbiology)'는 '바이오프리패럿'의 핵심시설로 4층 높이의 20톤급 발효조 10개가 설치되어 탄저균 포자 300톤을 한꺼번에 배양할 수 있었다. 구소련

그림 4. 탄저균 테러에 사용된 편지

출처 : https://www.ph.ucla.edu/epi/bioter/detect/antdetect_intro.html

은 이런 대규모 생산시설을 모두 여섯 군데에 건설하였다. 아랄스크-7은 1991년 구소련 해체 이후 폐쇄되었고, 2002년에 우즈베키스탄과 미국의 공동프로젝트를 통해 남아있던 용기들과 10곳의 탄저균 매몰장소를 제독하였다.[16]

〈 생물학테러 〉

1984년 미국 오리건주 댈러스(Dallas)에 있는 4개의 식당에서 집단 식중독이 발생하여 751명이 중독되고 45명이 심각한 피해를 입는 사건이 발생했다. 1년 후 인도의 신비가, 구루[17] 및 철학자인 오쇼 라즈니쉬(Osho Rajneesh)를 추종하는 신흥종교집단이 살모넬라균(Salmonella typhimurium)을 이용해 샐러드를 오염시켜 발생한 것으로 밝혀졌다. 1990~1995년 동안 일본의 사이비 종교단체인 옴진리교의 과학자들은 탄저균, Q열, 보툴리눔 독소 등을 이용한 생물학무기를 개발하는 연구를 진행하였으며, 수십 회의 생물학테러를 감행하였으나 실패한 것으로 드러났다.

2001년 9.11 테러가 발생하고 약 한 달 후인 10월 5일, 플로리다주에 소재한 아메리칸 미디어(AMI)의 자회사인 '썬(Sun)'의 사진기자 밥 스티븐스(Robert "Bob" Stevens)가 폐탄저병에 걸린 지 3일 만에 죽었다. 탄저균은 9월 11일 소인이 찍혀 있는 우편물에 의해 전파되었다. 이 탄저균 우편물 테러로 인해 한 달 사이에 총 22명이 감염되었고, 그중에서 5명이 사망하였다. 그러나 지금까지도 탄저균 우편물 테러의 범인과 배후는 정확히 밝혀지지 않았다.[18]

생물학무기의 특징

무기(weapon)로서 생물학무기의 장점은 다음과 같다.

첫째, 생물학무기는 약품 또는 맥주 제조설비 등과 같은 민수용 시설을 이용하여 은밀하게 생산할 수 있으며, 재래식무기나 다른 대량살상무기에 비해 제조비용이 적게 든다. 1톤의 핵무기를 생산하는 데 약 100만 달러가 소요되는 반면 동등한 살상 효과를 낼 수 있는 생물학무기는 1만 달러 이하의 적은 비용으로도 생산할 수 있다.

둘째, 병원체에 감염된 이후 증상이 나타나는 시간적 차이, 즉 잠복기 때문에 생물학무기 공격을 신속히 인식하기 어려워 초동대응이 어렵다.

셋째, 생물학무기의 자가번식과 전염성으로 인해 피해가 기하급수적으로 확산될 수 있다.

넷째, 재래식무기나 핵무기와 달리 시설의 물리적 파괴 없이 인명을 살상할 수 있다.

다섯째, 생물학무기로 발생한 질병과 자연적으로 발생한 전염병을 구분하거나 공격 원점을 추적하는 것이 제한되므로 생물학무기의 공격 주체를 밝히기도 어렵다.

여섯째, 미국의 라즈니시교 또는 일본의 옴진리교 사례처럼 재래식무기 또는 핵무기와 비교하면 재료를 쉽게 구하여 제조할 수 있다.

마지막으로, 쉽게 변이를 일으키는 코로나바이러스감염증-19(COVID-19)처럼 새로운 변종바이러스를 생물학적으로 이용한다면 장기간 치료제가 없는 위급한 상황을 만들 수도 있다.

이러한 이유로 생물학무기의 사용 위협만으로도 대중적 불안과 공황을 유도하여 모방범죄와 유사 및 허위신고 등으로 사회적 대혼란을 유발할 수 있다. 이 때문에 일부 전문가들은 생물학무기를 대량살상무기(Weapons of Mass Destruction)보다는 '대혼란무기(Weapons of Mass Disruption)'라고 부르기도 한다.[19]

한편 생물학무기는 많은 장점이 있음에도 불구하고 다음과 같은 결정적 단점도 있다.

첫째, 미생물은 열에 약하기 때문에 폭탄으로 살포하기가 어렵다. 폭탄의 폭발열 및 압력으로 인해 병원균의 98~99%가 사멸되므로, 포탄이나 로켓, 미사일 등과 같은 투발수단의 사용이 제한된다. 이 때문에 봉지나 분무기를 이용하여 살포하거나 파편폭탄, 도자기 폭탄, 플라스틱 탄알 등의 투발수단이 연구되기도 하였다.

둘째, 생물학무기 오염지역을 통제하는 것은 거의 불가능하다. 병원균의 자가번식과 전염성으로 엄청난 살상력을 가질 수 있는 반면에 일정 지역만 오염시키는 것은 매우 어렵기 때문이다. 아래 표는 생물학무기로 사용될 수 있는 병원성 미생물의 감염성, 전염성, 잠복기, 치사율 등과 관련된 독성자료이다.[20]

표 2. 병원성 미생물의 특성

종류	감염성	전염성	잠복기 (일)	질병기간 (일)	치사율 (%)	항생 요법	예방 접종
천연두	고	높음	7~16	12~24	5~60	없음	가능
탄저	중	없음	1~5	3~5	100	있음	가능
콜레라	저	높음	1~5	7~30(+)	5~75	보통	가능
페스트	고	높음	2~5	1~2	100	보통	가능
브루셀라	고	없음	7~21	14~60(+)	2~10	보통	가능
황열	고	없음	3~6	7~14	5~40	없음	가능
장티푸스	중	중간	7~21	14~60(+)	10	없음	가능
발진티푸스	고	없음	6~15	14~60(+)	10~40	없음	가능
이질	고	높음	1~3	3~21	2	있음	불가능
뇌염	고	없음	5~15	7~60	1~80	없음	가능
유행성독감	고	높음	1~3	3~10	1	없음	가능

생물학무기의 종류

〈 탄저균(Bacillus Anthracis) 〉

사람이나 동·식물에게 탄저병(Anthrax)을 일으키는 탄저균은 토양에 서식하는 세균이다. 주변 환경조건이 나쁘면 포자(spore)를 형성하여 10년 이상 생존하며, 땅속에 묻은 사체에서도 수년간 생존한다. 주로 동물의 배설물이나 사체 또는 흙에 있는 탄저균 포자를 사람이 호흡기를 통해 흡입하거나 피부를 통해 접촉하여 감염된다.

제2차 세계대전 동안 미국, 일본, 독일, 소련, 영국 등이 탄저균을 생물학무기로 개발하기 위해 노력하였다. 이유는 탄저균이 뛰어난 살상력을 가지면서도 분말 형태로 제조 가능하여 보관과 운용(살포)이 편리하기 때문이다. 또한 감염력은 크지만 전염성이 없어서 오염지역을 통제하기가 용이한 장점도 있다. 발병 후 하루 안에 항생제를 복용하지 않으면 80% 이상 사망한다. 탄저균의 포자를 섭취하면 체 내에서 번식하면서 독소를 생성하며, 생성된 독소는 혈액 내의 면역세포에 손상을 입혀 쇼크를 유발하고 심할 경우 급성 사망이 발생한다. ·백신 접종으로 예방할 수 있으며, 시프로플록사신(Ciprofloxacin)이나 페니실린(Penicillin)과 같은 항생제로 치료가 가능하다.[21]

그림 5. 탄저균(Bacillus Anthracis)

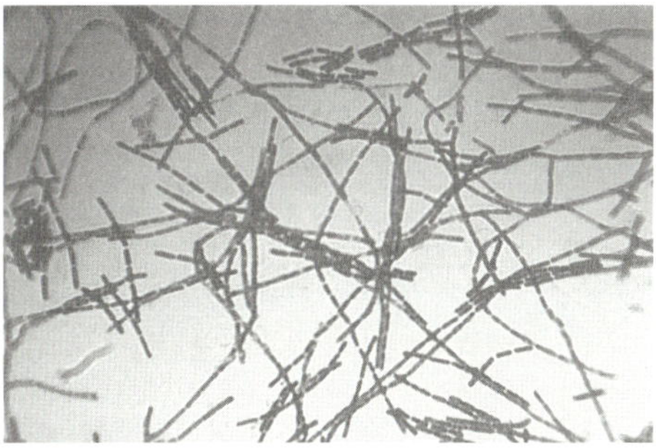

출처 : https://phil.cdc.gov/details.aspx?pid=2226)

그림 6. 페니실린균(Penicillium notatum)

출처 : https://www.britannica.com/science/penicillin#ref33693

페니실린(Penicillin)

페니실린은 1928년 플레밍(Alexander Fleming) 박사에 의해 처음 발견되었으며, 1939년 옥스퍼드대학의 플로리(Howard W. Florey) 팀이 페니실린 정제에 성공하면서 항생제 시대가 열리게 되었다. 플레밍은 푸른곰팡이(penicillium notatum)가 만드는 페니실린이 박테리아를 죽인다는 것을 발견하고, 1929년 영국 실험병리학 학술지에 논문을 실었다.

1938년 옥스퍼드대학의 생화학자 체인(Ernst B. Chain)은 플레밍의 논문에 관심을 갖게 되었고 1939년 병리학자 플로리와 그의 병리학과 동료들과 함께 항생제를 만드는 연구에 본격적으로 착수하였다. 1940년 플로리의 연구팀에 생화학자 히틀리(Norman G. Heatley)가 합류하여 페니실린 시료의 활성도를 측정하는 새로운 방법을 고안하여 효율적으로 정제하는 역추출(back extraction) 기법을 개발하였다. 정제된 페니실린을 연쇄상구균에 감염된 쥐에 주사한 결과 페니실린의 효능을 확인하였다.

페니실린을 대량으로 생산하기 위해 각종 용기를 사용하여 곰팡이를 배양하게 되었고, 연구실은 어수선한 페니실린 공장이 되어버렸다. 1941년 12월 7일 일본군의 진주만 공격으로 참전한 미국이 페니실린에 관심을 가지게 되었으나, 페니실린의 대량생산은 매우 어려운 과제였다.

1943년 7월 미국 전시생산국(War Production Board)은 연합군을 위한 페니실린의 대량생산 계획을 수립하였고, 머크(Merck), 화이자(Pfizer), 스퀴브(Squibb) 등 많은 제약회사가 페니실린의 대량생산 사업에 참여하였다. 마침내 진공상태에서 냉동건조하여 정제하는 것이 가장 효과적인 방법임을 알게 되었고, 마침내 1944년 3월 1일 화이자가 뉴욕 브루클린에 액침배양액(submerged culture)으로 페니실린을 대규모로 생산할 수 있는 공장을 설립하였다.

한편 군대와 민간에서 시행된 임상실험에서 페니실린의 치료 효과가 확인되었으며, 연쇄상구균, 포도상구균, 임질균을 포함한 광범위한 감염병 치료에 매우 효과적인 것으로 밝혀지게 되었다. 처음에는 1%보다 적었던 수득률은 80~90%로 증가하여 1944년 초부터는 페니실린의 생산량이 급격하게 증가하였다. 페니실린은 제2차 세계대전 동안 염증에 의한 사망이나 사지절단 환자를 크게 줄였으며, 연합군 병력의 12~15% 정도의 생명을 구한 것으로 추정된다. 페니실린을 처음 발견한 플레밍, 이를 정제하여 치료제로 만든 플로리와 체인은 그 공로를 인정받아 1945년 노벨생리의학상을 공동 수상하였다. 페니실린은 지금까지 최소 2억 명의 생명을 구한 것으로 추정된다. 영국 호지킨(Dorothy Hodgkin, 1964년 노벨화학상 수상)은 X-ray로 페니실린의 구조를 밝혀 다른 항생제를 개발하는데 크게 기여하였다.[22]

〈 페스트균(Yersina Pestis) 〉

흑사병(plague)은 페스트균에 의해 발생하는 급성 열성 감염병으로, 호흡기, 소화기, 피부 등 다양한 경로를 통해 감염된다. 증상에 따라 주로 선(bubonic)페스트, 폐(pneumonic)페스트, 패혈성(septicemic) 페스트 등 세 가지로 구분한다. 페스트 전체 발병률의 75%를 차지하는 선페스트는 주로 페스트균에 감염된 설치류에 기생하는 매개체 곤충(벼룩 등)에 의해 감염된다. 1~6일간의 잠복기 후에 고열, 구토, 오한, 두통, 근육통 등의 초기 증상이 나타나고, 이후 페스트균이 림프절을 공격하여 심하게 부어오르게 된다. 증상이 진행되면서 얼굴과 손발의 피부가 검게 변하므로 흑사병이라 부르게 되었다.

두 번째로 발병률이 높은 폐페스트는 페스트균이 폐를 공격하여 폐부종을 일으키며, 치사율은 95%에 달한다. 패혈성 페스트는 페스트균이 혈액에 직접 침투하여 일어나는데, 발병률은 낮지만 짧은 시간 안에 사망하게 만든다. 선페스트에 의해 감염된 림프액이 혈액이나 폐를 침범하게 되면 각각 이차적인 패혈성 페스트와 폐페스트를 유발할 수 있다.[23] 페스트 백신은 개발되었으나 효과가 입증되지 않아 사용되지 못하고 있다. 그러나 발병 초기에는 항생제 치료가 가능하다. 페스트균을 에어로졸화하여 살포하면 호흡기를 통해 감염시킬 수 있다. 1995년에 항생제에 내성이 있는 페스트균이 발견되었으며, 다양한 변종을 만들 수 있어 생물학무기로 사용될 가능성이 큰 병원균으로 알려져 있다.[24]

〈 콜레라균(Vibrio cholerae) 〉

콜레라(cholera)는 비위생적인 환경에서 전파가 잘 되는 급성 수인성 전염병으로, 괴질로도 불린다. 일반적으로 날것이나 덜 익은 해산물, 오염된 음식이나 물을 섭취하거나 오염된 손으로 음식을 조리 또는 섭취할 때 감염될 수 있다. 5일 이내(보통 2~3일)의 잠복기 이후에 묽은 설사가 갑자기 시작되어 하루 20~30차례 발생한다. 탈수 증세가 심하면 사망할 수도 있다. 발병에 필요한 콜레라균은 대략 1억 마리 이상이다. 콜레라균은 물이나 음식물을 끓이면 바로 사멸하고, 섭취해도 대부분 위산에 의해 멸균된다. 발병하면 수액을 보충하거나 주입하고 항생제를 투여하여 치료할 수 있다. 치료하지 않으면 치사율이 50% 이상이지만, 치료하면 1% 이하이다.[25]

〈 야토균(Franciselia tularensis) 〉

야토병(tularemia)은 처음에 야생토끼를 접촉하고 나서 증상이 발생하여 붙여진 명칭이며, '토끼열(rabbit fever)'이라고도 한다. 야생 포유류에 기생하는 절지동물(벼룩, 진드기, 이 등)에 물려 전염되며, 사람

사이에 직접 전염되지는 않는다. 잠복기는 1~14일이지만, 감염 후 3~5일 정도 지나면 발열, 오한, 두통, 근육통 등이 나타나며, 피부 궤양과 결막염, 폐렴으로 이어질 수 있다. 야토균은 감염성이 크기 때문에 생물학무기로 사용될 가능성이 크다. 1942년 구소련에서 최초로 생물학무기로 사용한 것으로 추정되고 있으며, 1950년대에 미국에서도 생물학무기로 연구되었다. 북한 등 다른 국가에서도 생물학무기로 개발 또는 보유하고 있는 것으로 추정하고 있으나,[26] 아직 효과적인 백신과 치료제[27]는 개발되지 않았다.

〈 티푸스균(Rickettsia prowazekii) 〉

티푸스(typhus)는 비위생적인 환경상태에서 리케차(rickettsia)의 일종인 티푸스균에 감염된 이(sucking lice)가 퍼뜨리는 전염병이다. 티푸스균의 이름은 이 균을 연구하다가 감염되어 사망한 두 명의 과학자 하워드 리케츠(Howard T. Ricketts)와 스타닐타우스 폰 프로바제크(Stanistaus von Prowazek)의 이름을 딴 것이다. 티푸스균에 감염된 이가 사람 몸에 붙어 배설물을 분비하면 가려워 긁게 되고 티푸스균은 피부의 상처를 통해 체내로 들어가게 된다. 10~14일 정도의 잠복기 이후에 고열, 두통, 오한, 구토, 근육통 등의 증상이 나타난다. 이후 폐렴이 발생하면 사망 위험성이 증가한다. 60세 이상은 치명적이며, 보통 10~15%의 치사율을 보인다. 나폴레옹의 러시아 원정도 티푸스에 의해 좌절되었을 정도로 티푸스는 천연두, 페스트와 함께 역사상 가장 많은 사람을 죽인 전염병이다. 제2차 세계대

전 당시 일본과 독일은 티푸스균을 이용한 생물학무기를 개발하였다.[28]

〈 Q열균(Coxiella burnetii) 〉

Q열(Q fever)은 리케차(rickettsia)의 일종인 Q열균에 의해 감염되는 전염병이다. 초기에 원인균을 알 수가 없어 '의문의 열병(query fever)'이라는 의미로 불리게 되었다. 주로 소, 돼지 등의 가축 배설물을 접촉하거나 공기 중에 부유하는 먼지를 흡입하여 감염되며, 사람 사이에 전염되지는 않는다. 2~4주의 잠복기 이후 고열, 두통, 근육통, 권태감이 발생하며, 급성 Q열은 고열이 보통 1~2주 정도 계속되지만, 만성 Q열은 6개월 동안 계속될 수도 있다. 증상 발현 후 3일 이내에 치료해야 효과가 좋으며, 기저질환으로 면역력이 저하된 사람은 특히 유의해야 한다. Q열균 하나만 흡입해도 발병할 수 있어 생물학무기로 이용될 가능성이 크다.[29]

〈 천연두 바이러스(Variola virus) 〉

천연두(smallpox)는 두창 또는 마마로도 불리며, 수만 년 전부터 오랫동안 광범위하게 유행되었고 수많은 사상자를 낸 감염성 질환이다. 천연두는 호흡기를 통해 천연두 바이러스를 흡입하여 감염되고, 보통 감염자와 지속적인 접촉을 통해 전염된다. 천연두는 2주 이내(약 10~14일)의 잠복기 경과 후에 발열, 두통, 몸살 등이 발생하여 2~4일간 지속되고 발진이 일어나며, 감염력을 가지게 된다. 약 10일 사이에 수포성 발진은 농포성 발진으로 바뀌고 딱지가 생기는데 폐혈증, 폐렴 등의 합병증으로 사망할 위험이 증가한다.

천연두의 평균 치사율은 약 30% 정도로 알려져 있다. 세계보건기구(WHO)가 1967년부터 천연두 근절 프로그램을 시행하여 1980년 박멸을 선언하였다. 1977년 당시 전 세계 60여 개의 연구실에서 보유한 천연두 바이러스를 단계적으로 폐기하였으나, 미국과 러시아의 연구실에서 보유하고 있으며[30] 현재는 이보다 더 많은 국가에서 보유하고 있을 것으로 추정한다.

천연두 바이러스를 영구 폐기하지 않은 이유는 연구실에 있는 천연두 바이러스를 없앤다고 지구상에서 완전히 없어진다는 보장이 없을뿐더러 향후의 연구 기회를 확보할 필요가 있기 때문이었다. 그러나 천연두는 전염성이 매우 강하며, 백신으로 예방하는 방법 외에는 개발된 치료법이 없어 생물학무기로 사용될 우려가 항상 있다. 이러한 우려는 1992년 미국으로 망명한 구소련 미생물학자 켄 알리베크(Ken Alibek)의 진술에 의해 사실로 드러났다. 그는 1990년에 서부 시베리아의 연구소에서 천연두 바이러스를 이용한 생물학무기를 개발하였으며, 유전자를 변형시켜 기존의 천연두 바이러스보다 치사율이 더 높은 천연두 바이러스를 만들었다고 진술하였다. 또한 미국 국방부는 구소련에서 개발된 천연두 바이러스가 북한과 이라크에 이전되었다고 언급하였다. 미국, 독일 등은 천연두 백신을 재생산하여 예방접종을 실시하고 있으며, 우리나라도 1993년 천연두를 제1종 전염병에서 삭제하였다가 2002년 법정전염병으로 재지정하였다.[31]

천연두 백신

영국 글로스터셔 주의 버클리 근방의 시골 의사였던 에드워드 제너(Edward Jenner, 1749~1823년)는 소젖을 짜다가 소가 걸리는 천연두인 우두에 감염된 환자들은 천연두에 걸리지 않는다는 사실을 알게 되었다. 이 지방에 천연두가 유행하던 1796년 제너는 우두에 감염되어 찾아온 세러 넬메스라는 여인의 손에 생긴 물집을 터뜨려 우두 바이러스가 든 액체를 채취했다. 이후 핍스라는 농부를 설득해 그의 어린 아들인 제임스의 팔 두 군데를 약간 절개하고 우두 바이러스가 들어있는 액체를 떨어뜨리는 방법으로 백신접종(vaccinate)[32]을 하였다.

6주 후에 제너는 제임스에게 천연두 바이러스를 주사했지만, 천연두에 감염되지 않았다. 이렇게 제너는 천연두와 유사한 우두 바이러스로 백신접종을 하면 천연두 바이러스에 대한 면역이 생긴다는 사실을 발견하였다. 제너는 1798년 23회의 실험성과를 정리한 논문을 발표하였고, 1800년에는 유럽 전역에서 '종두법'에 의한 천연두 백신접종이 시행되었다.[33] 인류의 가장 큰 재앙 중의 하나였던 천연두는 지구상에서 공식적으로 박멸된 질병이다. 그러나 여전히 천연두 바이러스를 보유한 국가들이 있으며, 생물학무기 공격이나 테러에 대비하여 백신과 치료제를 비축하고 있다.[34]

〈 바이러스성 출혈열(Viral hemorrhagic fevers; VHF) 바이러스 〉

RNA 바이러스 감염으로 출혈과 열이 발생하는 질병을 총칭하며, 에볼라 바이러스, 한타 바이러스 등 다양한 종류가 있다. 바이러스성 출혈열의 감염 경로는 다양하지만 주로 호흡기를 통해 감염된다. 이처럼 공기로 감염시킬 수 있고, 감염원을 확인하기가 어려워 생물학무기로 개발 및 사용될 가능성이 있다. 실제로 1980년대에 중국이 바이러스성 출혈열을 생물학무기로 개발하다가 중지한 적이

있다고 알려져 있다.35

에볼라(Ebola) 출혈열은 1967년에 처음으로 남수단의 응자라(Nzara)와 콩고민주공화국의 얌부쿠(Yambuku)에서 동시에 발병하였다. 에볼라 바이러스는 마르부르크(Marburg) 바이러스와 관련된 새로운 유형의 바이러스로 확인되었고, 콩고의 발병지인 얌부쿠 마을 근처에 흐르던 에볼라 강의 이름을 따서 명명되었다. 8~10일의 잠복기(최소 2일, 최대 3주) 이후 가벼운 두통으로 시작하여 고열, 설사, 전신 출혈이 발생한다.

혈액검사(6시간)나 진단키트(1시간)로 감염을 확인할 수 있으며, 백신 접종(2019년 개발)으로 예방할 수 있으나 특별한 치료방법은 없다. 치사율은 50~90%로 매우 높다. 한타바이러스(Hantavirus)는 1976년 한국 의학자 이호왕 박사가 한탄강에서 처음으로 분리하였다. 등줄쥐와 집쥐의 배설물에 있는 한타바이러스가 공기 중에 떠돌다가 호흡기를 통해 인체로 들어와 감염된다. 2~4주의 잠복기 이후에 발열, 오한, 두통 등 감기와 유사한 증상이 나타나며, 치료

그림 7. 한타바이러스(Hantavirus)

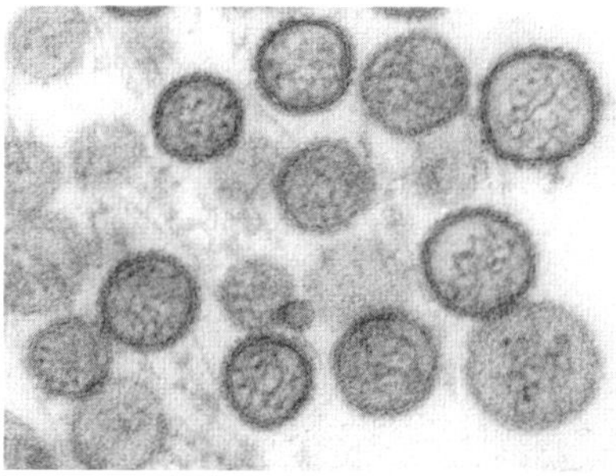

출처 : https://ko.wikipedia.org/wiki/한타바이러스

하지 않으면 호흡부전, 급성신부전, 저혈압 쇼크 등으로 사망할 수 있다. 특별한 치료제는 없으나 백신 접종(1988년 개발)으로 예방할 수 있으며, 치사율은 5~7% 정도이다.[36]

그림 8. 한타바이러스 백신

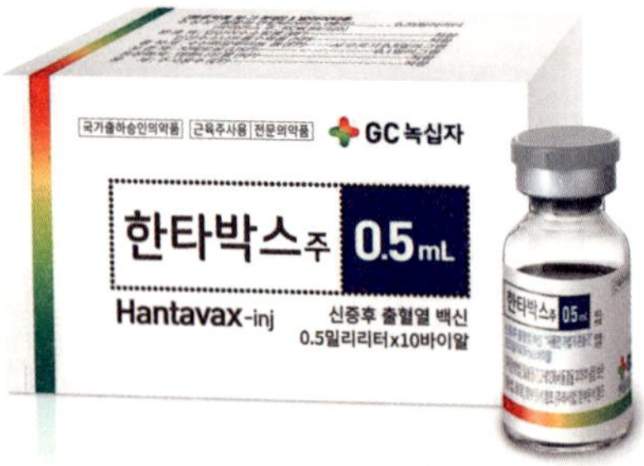

출처: GC녹십자

〈 보툴리눔 독소(Botulinum toxin) 〉

멸균이나 보관이 잘 안 된 음식물에 발육하는 클로스트리듐 보툴리눔(Closmidium Botulinum)이라는 박테리아가 생성하는 신경독소이다. H형 보툴리눔 독소는 세상에서 가장 치명적인 독성물질이며, 약 0.0001㎎만으로도 사람을 죽일 수 있다. 저농도로 희석한 보툴리눔 독소는 의약품으로 다양하게 사용되고 있다. 다한증, 근육위축증 환자에게 투약하고 있고, 특히 얼굴의 주름을 펴는 미용 용도로 널리 사용되고 있다.[37] 섭취 후 잠복기는 약 12~72시간이며, 신경전달물질 '아세틸콜린(Ach; Acetylcholine)'의 분비를 막아 근육 마비와 운동장애 등을 일으킨다. 보툴리눔 독소는 여러 가지의 유형(A~H형)이 있어 한 종류의 항체로 모두 해독할 수 없으며, 주된 유형(A~B

형)에 효과적이고 인체에 안전한 해독제는 아직 개발하지 못하고 있다.[38]

〈 리신(Ricin) 〉

리신은 렉틴에 속하는 아주까리씨에서 추출한 단백질로 입으로 삼키거나 들이마시거나 피부로 주입하면 인체 내에서 세포의 단백질 합성을 억제하여 장기의 기능장애 및 순환기 장애의 결과로 사망하게 만든다. 체중이 70kg인 사람에게 0.5㎎ 정도의 리신은 치명적이다. 리신은 이처럼 살상력이 뛰어난 독소지만, 백신이나 해독제는 아직 없다.[39] 영국으로 망명한 불가리아의 작가이자 반정부 인사인 게오르기 마르코프(Georgi Markov)는 1978년 9월 런던 워털루 다리에서 우산으로 위장한 장치[40]에 허벅지를 찔리고 4일 만에 리신 중독으로 사망하였다.[41]

그림 9. 독살에 사용된 불가리아 우산(Bulgarian umbrella)

출처 : https://www.reddit.com/r/WeirdWeapons/comments/adnbea/ the _bulgarian_umbrella_was_a_cold_war_era_weapon/

제2절 생물학무기의 확산 통제

질병을 전쟁 도구로 사용한 것이 오래된 만큼 생물학무기를 규제하기 위한 국제적 군축·비확산 협력도 비교적 오랫동안 진행되었다. 제1차 세계대전 이후 1925년 국제적 합의를 통해 화학 및 생물학무기의 전시 사용을 금지한 「제네바의정서」의 채택에도 불구하고, 주요 선진국들은 생물학무기의 연구개발을 비밀리에 진행하였다. 제2차 세계대전 중에는 생물학무기의 실제 사용 가능성이 확인되었고, 전후 냉전체제에서 미국과 구소련은 핵무기뿐만 아니라 생물학무기의 연구개발을 위한 군비경쟁에 돌입하였음이 확인되었다.

1962년 생물학무기와 화학무기가 제네바군축회의의 의제로 상정되었으나, 토의는 교착상태에 빠지고 말았다. 1968년 영국이 생물학무기와 화학무기를 분리하여 토의하자고 제의하였으며, 1969년 생물학무기의 연구, 보유, 사용 및 이전의 금지에 관한 협약의 초안이 마련되었다. 또한 1969년 1월 미국의 37대 대통령으로 취임한 닉슨(Richard M. Nixon)은 11월 25일 생물학무기의 포기를 선언하고 모든 관련 시설과 비축된 생물학무기의 폐기를 명령하였다. 1970년 2월 14일에는 독소 무기에도 동일한 조치가 취해졌다.

한편 협약 초안에 대한 논의는 구소련의 반대에 부딪혀 교착상태에 빠졌으나, 구소련이 반대 입장을 바꾸면서 1971년 8월 동일한 초안이 상정되어 12월 16일 유엔총회의 결의로 협약안이 채택되었다. 「생물학무기금지협약(BWC)」은 「화학무기금지협약(CWC)」(1993년)보다 앞선 1972년 4월 10일에 체결 및 서명되어 1975년 3월 26일에 발효되었다. 그러나 생물학무기의 제조, 획득 및 이전 등을 금지하였을 뿐, 회원국의 협약 이행과 준수 여부를 확인하기 위한 검증체제는 마련하지 못하였다.[42]

생물학무기금지협약(Biological Weapons Convention)[43]

생물학무기금지협약 가입국은 2021년 12월 기준 187개국(비준 183개국)[44]이며, 유효기간은 무기한이다(제13조). 협약의 목적은 생물무기 및 독소무기의 개발·생산 및 비축의 금지와 생물무기의 완전한 폐기이다. 생물학무기 및 독소 무기의 사용을 금지하는 의도와 기준을 규정하고 있다(제1조). 동 협약이 허용하지 않는 의도의 모든 생물학무기는 보유가 금지되므로 폐기하여야 하지만 허용된 의도의 생물학작용제는 보유하거나 사용할 수 있다.

또한 회원국은 보유한 모든 생물학무기뿐만 아니라 무기로 개발할 가능성이 있는 작용제를 폐기하여야 하며(제2조), 생물학무기나 작용제를 타국에 양도하는 것을 금지한다(제3조). 더불어 타국이 동 협약을 이행하지 않는 사례를 발견했을 경우 유엔안보리에 즉시 통보하여야 하며(제6조), 협약 불이행으로 통보된 국가는 유엔 안보리의 조사 또는 사찰에 적극적으로 협력하여야 한다(제7조). 생물학무기금지협약은 화학무기금지협약(CWC)이나 핵확산금지조약(NPT)과 달리 독자적인 검증기구가 없어 이러한 규정을 두고 있는 것이다.[45]

검증의정서(Verification Protocol) 마련을 위한 국제 협력

1980년대 생물공학과 제약산업 기술의 급속한 발전으로 인해 생물학무기의 확산 위험성이 크게 증대하였고, 검증체제가 부재한 생물학무기금지협약(BWC)은 큰 취약점을 노출하게 되었다. 또한 1991년 걸프전(Gulf War)에서 이라크가 비밀리에 생물학무기를 포함한 대량살상무기 프로그램을 발전시켜 온 사실이 폭로되면서 생물학무기금지협약(BWC)의 검증체제 마련이 시급함을 공감하게 되었다. 1994년부터 검증 의정서의 제정을 위한 협상이 시작되었다. 검증 의정서는 기술적인 복잡성과 전문성이 요구되었을 뿐만 아니라 제네바 군축회의의 우선순위에서 밀려 논의가 지지부진하였다.

그러다가 1998년 제네바 군축회의에서 「포괄적핵실험금지협약(CTBT, Comprehensive nuclear Test Ban Treaty)」의 협상이 교착상태에 빠지면서 생물학무기금지협약(BWC)의 검증 의정서 협상을 위한 '임시그룹(AHG; Ad Hoc Group) 회의'가 24회에 걸쳐 진행되었다. 검증 의정서의 핵심은 '강제성(intrusiveness)'을 가진 '신고(declaration)', '방문(visit)', '사찰(investigation)'이었으나, 미국은 2001년 7월 제24차

AHG 회의에서 최종 수정안을 수용하지 않았고, 11월 BWC 제5차 평가회의에서도 검증 의정서의 채택에 반대하면서 국제적 합의에는 이를 수 없었다.

1990년대 미국은 국제협약에 대한 기존 입장을 전면 재검토하여 국가이익에 반하는 국제협약에 대해서는 기존 입장을 완전히 번복하였으며, BWC 검증 의정서가 대표적인 사례로 꼽힌다. 미국이 검증 의정서의 채택을 거부한 이유는 생물학무기는 소규모시설에서 얼마든지 개발할 수 있어 은닉이 용이하기 때문에 국제협약의 검증 체제로는 실질적인 규제가 어렵고 오히려 생명공학과 제약산업의 기술 유출이 우려된다는 것이었다.[46] 그러나 전문가들은 대규모 설비가 필요한 핵무기나 화학무기와는 달리 생물학무기는 소규모시설에서도 생산할 수 있으므로 위성 등의 국가검증수단(national technical means)보다는 '현장사찰(on-site inspection)'을 통한 검증이 더욱 중요하다고 주장한다.[47]

2001년 제5차 평가회의에서 검증 의정서에 대한 합의는 실패하였지만, 협약을 강화하기 위한 노력으로 방향을 전환하여 2006년 제6차 평가회의 전까지 매년 당사국회의와 전문가회의를 개최하기로 결의하였다. 이후 매년 일주일의 전문가회의와 일주일의 당사국회의를 열고, 협약의 강화를 위한 국제협력과 지원방안, 협약과 관련된 과학기술의 발전 동향 검토, 국내이행 강화방안 등을 논의하고 있다. 또한 5년마다 평가회의를 개최하고 있으며, 2011년 12월 제7차 평가회의와 2016년 11월 제8차 평가회의가 열린 바 있다.[48] 그러나 검증 의정서 마련을 위한 논의는 미국과 러시아 등의 적극적인 참여가 미흡하여 지지부진한 실정이다.

참고문헌

1 서정춘·서영배·송방호, 『세균·독소의 공포: 생물테러 독물전쟁』, 서울:월드사이언스, 2005, 5쪽.

2 분류학상 세균과 바이러스의 중간적 위치에 있는 미생물로 세포벽은 없고 3층의 세포막으로 둘러싸여 있다. 세포벽의 합성을 저해하는 항생물질에 저항성을 보이며, 사람의 입 속에 존재하는 것도 있고 폐렴과 관절염을 일으키기도 한다(사이언스올, 과학백과사전, https://www.scienceall.com/마이코플라즈마mycoplasma/, 검색일: 2021.7.26.)

3 배우철, 『생물학무기』, 경기:살림출판사, 2012, 14~15쪽.

4 카파성을 포위했던 몽골군이 철수하면서 흑사병에 걸린 시체를 투석기로 성벽 너머로 던져 생물학무기로 사용하였는지, 흑사병에 감염된 매개체(쥐와 벼룩)에 의해 성 내부로 전염되었는지는 명확하지 않다.

5 김유항·황진명, 『전쟁은 어떻게 과학을 이용했는가』, 경기:사과나무, 2021, 29~30쪽.

6 배우철, 앞의 책, 49~51쪽.

7 배우철, 앞의 책, 53~54쪽.

8 배우철, 앞의 책, 54~55쪽.

9 황건, 『인류의 전쟁이 뒤바꾼 의학세계사』, 경기:살림출판사, 2020, 127~129쪽.

10 배우철, 앞의 책, 57~58쪽

11 Stephen Endicott and Edward Hageman(안치용·박성휴 옮김), 『한국전쟁과 미국의 세균전』(The United States and Biological Warfare), 서울:도서출판중심, 2003, 60~62쪽.

12 Endicott & Hageman, 앞의 책, 71~72쪽.

13 김성민(하성천 옮김), 『일본군 세균전』, 서울:청문각, 2010, 908~918쪽.

14 Endicott & Hageman, 앞의 책, 284, 288~297쪽.

15 배우철, 앞의 책, 63~64쪽

16 Judith Miller, Stephen Engelberg and William Broad(김혜원 옮김), 『세균전쟁』(GERMS: Biological Weapons and American's Secret War), 서울:황금가지, 2002, 163~167, 175~179, 219~221, 238~244쪽.

17 산스크리트어로 “선생”, “스승”을 뜻하는 말이다. 힌두교에서 “스님”과 “목사”와 같은 존재이다.

18 배우철, 앞의 책, 64, 66~68쪽.

19 배우철, 앞의 책, 70~75쪽.

20 The Diagram Group(조필군 등 옮김), 『무기의 세계사: 역사속의 신무기』(원제: The New Weapons of the World), 서울:노드미디어, 2009, 277쪽.

21 배우철, 앞의 책, 16~17쪽.

22 김유항·황진명, 앞의 책, 37~45쪽.

23 김유항·황진명, 앞의 책, 27~28쪽.

24 배우철, 앞의 책, 25~26쪽.

25 배우철, 앞의 책, 28~29쪽의 내용을 'Wikipedia'를 참고하여 보충하였다.(검색어: 콜레라, 검색일자: 2021.7.15.)

26 배우철, 앞의 책, 28~29쪽.

27 일반적으로 스트렙토마이신 또는 겐타마이신 등을 치료제로 사용하고 있다(Hepburn, M. J. & Simpson, A. J.(2008), Tularemia: current diagnosis and treatment options, Expert Review of Anti-Infective Therapy, 6(2), 231~240.

28 배우철, 앞의 책, 31~32쪽.

29 배우철, 앞의 책, 26~28쪽.

30 생물무기금지협약(BWC)에 의해 공식적으로는 러시아 콜초보(Koltsovo)에 위치한 바이러스생물공학연구소와 미국 애틀란타(Atlanta)의 질병통제센터(CDC; Center for Disease Control and Prevention)에만 보관되어야 한다. 천종식, 『고마운 미생물, 얄미운 미생물』, 서울:솔출판사, 2020.

31 배우철, 앞의 책, 2012, 18~22쪽.

32 에드워드 제라드는 우두를 뜻하는 라틴어인 'vaccinia'를 이용해 'vaccinate'(백신접종)이라는 단어를 만들었다.

33 피터 퍼타도(김희진·박누리 옮김), 『죽기 전에 꼭 알아야 할 세계 역사 1001 Days』(원제: 1001 Days that Shaped the World), 마로니에북스, 2009, 453쪽.

34 피터 퍼타도, 앞의 책, 858쪽.

35 Alibek, Ken & Handelman, Steven(1999), 『Biohazard: The Chilling True Story of the Largest Covert Biological Weapons Program in the World, Told from the Inside by the Man Who Ran It』, New York: Random House, p.286

36 배우철, 앞의 책, 33~34쪽.

37 K. 메데페셀헤르만, F. 하마어, H. J. 크바드베크제거(권세훈 옮김), 『화학으로 이루어진 세상』, 서울:에코리브르, 2007, 273~274쪽.

38 배우철, 앞의 책, 30~31쪽.

39 메데페셀헤르만 등, 앞의 책, 281~282쪽.

40 범행에 사용된 것은 우산으로 위장한 장치였다. 그러나 우산의 뾰족한 부분에 리신을 충진하여 독침과 같은 형태로 찔렀는지, 아니면 리신을 채워 넣은 작은 물체를 발사하였는지는 분명하지 않다.

41 Schep, L. J., et al.(2009), Ricin as a Weapon of Mass Terror-Seperating Fact from Fiction, *Environment International*, 35(8), 1267~1271.

42 류광철·이상화·임갑수, 『군축과 비확산의 세계』, 서울:평민사, 2005, 135~141쪽.

43 정식명칭은 「세균무기(생물무기) 및 독소무기의 개발·생산 및 비축의 금지와 그 폐기에 관한 협약」(Convention on the Prohibition of the Development, Production and Stockpiling of Bacteriologi- cal(Biological) and Toxin Weapons and on their Destruction)이다.

44 이스라엘, 남수단 등 10개국은 아직 BWC에 가입하지 않고 있다.

45 류광철 등(2005), 앞의 책, 142~143쪽.

46 류광철 등(2005), 앞의 책, 135~136, 143~144쪽.

47 Ashford, Mary-Wynne & Dauncey, Guy(추미란 옮김), 『평화 만들기 101: 우리가 꿈꾸는 전쟁없는 세상』(Enough Blood Shed: 101 Solutions to Violence, Terror and War), 경기:동녘, 2011, 457쪽.

48 자세한 내용은 「생물무기금지협약 정보망」(http://www.bwckorea.or.kr) 홈페이지를 참조.

제3장

화학무기

제1절 화학무기의 탄생

화학무기란 무엇인가

인류 최초의 화학무기(Chemical Weapons)는 연기와 불꽃으로 시작되었다고 볼 수 있다. 시리아 동부에 있는 고대 로마의 도시 유적지인 두라 에우로포스(Dura-Europos)의 요새 성벽 지하에서 로마군 19명과 페르시아군 1명의 유골이 2009년에 발견되었다. 페르시아군이 로마의 요새 성벽 아래에 땅굴을 파려 하자, 로마군도 방어 또는 도피 목적으로 땅굴을 팠는데 페르시아군이 유황과 역청 혼합물을 태운 독가스를 땅굴 안으로 흘려보내 사망한 것으로 추정된다.[1]

이처럼 화학무기는 고대시대부터 사용된 것으로 추정되지만, 현재 화학무기로 정의되는 독성화학물질 대부분은 제1차 세계대전이 발발한 1910년대 이후부터 제2차 세계대전 이후인 1950년대까지 개발된 것이다. 미국과 구소련은 화학무기금지협약(CWC)이 체결되기 이전까지도 이원화 화학탄과 신종 화학작용제를 개발하였다.

화학무기금지협약(CWC)은 화학무기를 "독성화학물질과 원료물질, 이러한 물질의 독성을 이용하여 사망 또는 상해를 일으키도록 특수하게 설계된 탄약 및 장치, 이와 관련된 모든 장비"로 정의하고 있다. 독성화학물질은 생명과정에 대한 화학작용을 통하여 인간 또는 동물에게 사망, 일시적 무능화 또는 영구적 상해를 유발시킬 수 있는 모든 화학물질이며, 이러한 물질의 목록은 화학무기금지협약의 "화학물질에 관한 부속서(Annex on Chemicals)"에 열거되어 있다. 화학작용제(Chemical Warfare Agents)는 "사람, 동물 및 식물에게 직접적인 독성 효과를 주기 위해 사용되는 기체, 액체 또는 고체 상태의 화학물질"이다.[2]

화학무기의 사용 사례

〈 제1차 세계대전 〉

18세기 말 산업혁명 이후 과학기술의 빠른 진보에 따른 기관총, 철조망과 같은 방어용 무기의 발전으로 제1차 세계대전의 전쟁 양상은 참호전으로 전개되었다. 제1차 세계대전 초반 독일의 슐리펜 계획이 실패한 이후 서부전선에서는 참호전과 이를 돌파하기 위한 육탄전이 지루하게 반복되었다. 이렇게 참호전의 결과로 3km를 전진하는 데 평균적으로 3주 정도가 걸렸으며, 90cm를 전진하는데 약 50명이 사망하였다. 이러한 교착상태를 타개하기 위해 제1차 세계대전 중에 다양한 공격용 무기들이 등장하였으며, 그중에서 첫선을 보인 무기가 독일군이 만든 '독가스(poison gas)'였다.

1915년 4월 22일 독일군은 프랑스와 벨기에 국경지대인 이프르에서 벌어진 전투에서 약 168톤의 염소가스(chlorine gas)를 살포하였다. 독일군은 이 한 번의 공격으로 30분 만에 4km를 전진할 수 있었다.[3] 독일군은 전선에 일렬로 배치한 실린더 3,700여 개의 꼭지를 한꺼번에 열어 염소가스를 프랑스군 진영으로 흘려보냈고, 치명적인 황녹색 안개가 곧 전장을 자욱하게 덮었다. 무방비 상태의 프랑스군은 5천여 명이 사망하였고, 6만여 명이 눈과 호흡기에 부상을 입었다.

이 염소가스를 시작으로 독성이 더 강하고 색깔이 없는 포스겐(phosgene, CG)과 더 오래 지속되는 머스터드(sulfur mustard, H)를 개발하여 전장에서 사용하였다. 하지만 방독면과 보호복도 같이 개발되었기 때문에 더 이상 참호전을 타개할 수 있는 수단이 되지 못하였고, 오히려 전쟁은 화학무기에 의해 점점 흉포해졌다.[4] 제1차 세계대전에서 화학무기(chemical weapons)는 약 124,000톤 정도가 사용되었다. 사용된 화학작용제는 대부분 수포작용제와 질식작용제였다.

그림 .1 제1차 세계대전 참전국별 화학무기 사용량(단위: 천톤)

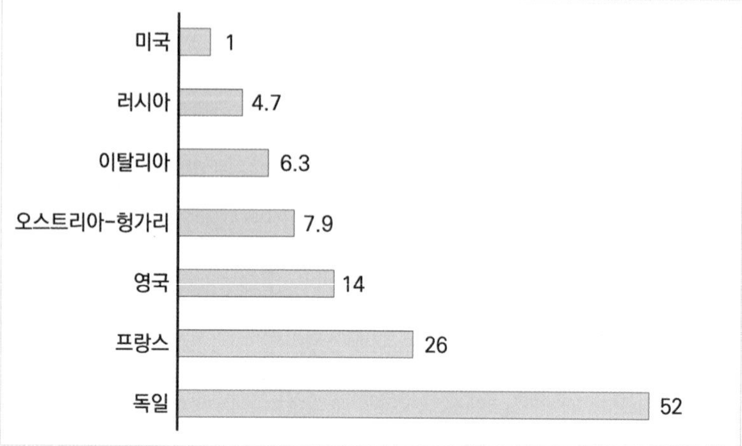

화학무기 공격으로 약 10만 명이 사망하였고, 130만 명이 부상을 입었다.[5] 그림 1은 제1차 세계대전에서 주요 교전국에 의해 사용된 화학작용제의 양을 보여준다.[6]

독일의 화학자, 독가스의 아버지, 프리츠 야코프 하버

하버(Fritz Jakob Haber)는 1909년 대기 중의 질소(N2)를 고정시켜 암모니아(NH_3)를 인공합성하는 방법을 발견하였으며, 보슈(Carl Bosch)와 함께 대량의 인공질소비료를 저비용으로 생산하는 방법을 개발하였다. 이후 저렴한 질소비료의 공급으로 작물의 생산량을 극적으로 증가시킬 수 있었으며 인류의 빈곤 퇴치에 크게 기여하였다. 애국심이 투철했던 하버는 독일군으로부터 참호전으로 교착상태에 빠진 전투상황을 타개할 수 있는 수단을 만들어 달라는 요청을 받아 각종 독가스를 개발하였다.

그는 "평화로운 시기에 과학자들은 세계에 속하지만, 전쟁 중에는 조국에 속한다. 그리고 과학은 국가의 운명을 결정짓는 중요한 요소이며, 과학자는 최전방에서 총을 들고 전투에 임하는 군인과 다를 바 없다"고 역설하였다. 또한 어떤 방식으로 죽든지 죽음은 죽음일 뿐이므로 폭탄과 독가스에 의한 죽음에는 차이가 없다며 자신의 독가스 연구를 정당화하였다.[7]

하버는 제1차 세계대전 중 독가스를 개발하였고, 2차 이프르 전투에서 대규모로 염소가스(chlorine gas)를 살포하였다. 단시간에 고농도의 염소가스를 흡입한 5,000여 명의 연합군 병사들은 질식사하였고, 저농도에 노출된 병사들은 오랫동안 기관지와 폐 등의 호흡기 손상으로 고통을 겪어야만 했다. 하버의 부인 클라라도 당시 저명한 화학자였기 때문에 하버의 행위를 강하게 만류하였으나 하버는 자신의 소신을 굽히지 않았다. 그러자 클라라는 하버가 보는 앞에서 권총으로 자살하였다.

그러나 하버는 바로 전장으로 돌아갔으며, 제1차 세계대전 동안 계속 독가스를 개발하고, 전장에서 사용하였다. 종전 후인 1918년 하버는 암모니아 합성법을 개발한 공로로 노벨화학상을 수상하였다.[8] 미국과 프랑스 등은 하버의 노벨상 수상에 반대했지만, 전쟁에서의 행위가 암모니아 인공합성의 업적을 가릴 수 없다는 노벨 재단의 결정을 뒤집지는 못하였다. 노벨상 수상에 더욱 자신감을 얻은 하버는 더 효과적인 화학무기를 개발하는 데 매진하였다.

그러나 독일의 부흥을 내세워 권력을 잡은 히틀러(Adolf Hitler)는 반유대인 정책을 실행하여 유대인을 탄압하였고, 1933년 독일을 위해 화학무기를 개발한 애국자 하버도 유대인이었기 때문에 결국 영국으로 탈출하였다. 아이러니하게도 하버가 개발한 화학무기 중 하나인 치클론(Zyklon) B는 나치 독일이 유대인을 대량으로 학살하는 데 사용되었다. 하지만 하버는 자신이 개발한 화학무기에 대해 죽을 때까지 한 번도 반성한 적이 없었다. 1943년 1월 하버는 스위스 국경 도시 바젤(Basel)에서 심장마비로 사망하였다.[9] 하버는 과학자의 사회적 책임과 연구윤리 문제를 논의할 때마다 거론되는 대표적인 사례가 되었다.[10]

제2차 세계대전

제1차 세계대전 이후 1925년 전시 화학무기의 사용을 금지한 '제네바의정서'가 체결되었으나, 제2차 세계대전에 참전한 국가들 대부분은 화학무기를 대량생산하여 비축하고 있었다. 만일 상대국이 화학무기를 사용한다면 즉각 사용할 생각이었다. 독일은 연합국이 보유하고 있지 않았던 신경작용제도 다량 보유하고 있었으나, 다행히도 제2차 세계대전 동안 화학무기는 사용되지 않았다. 화학무기를 한번 사용하면 보복 공격으로 계속 사용할 수밖에 없었지만, 화학무기는 전쟁을 승리로 이끌 만큼 결정적인 무기는 아니었

기 때문이다.[11]

화학 테러

1995년 3월 20일 아침, 러시아워로 악명 높은 도쿄 지하철역에서 사린(GB) 가스 테러로 12명이 사망하고 1,000명 이상이 중독되는 사건이 발생했다. 옴진리교라는 사이비 종교집단의 신도들이 전철이 역을 출발하기 직전에 5칸의 객차에서 사린이 들어있는 비닐봉지를 터뜨렸던 것이다.[12]

옴진리교는 1984년 아사하라 쇼코가 창단한 명상 단체로 10년간 교세가 크게 확장하였다. 옴진리교는 1990년 총선거에 27명의 후보를 냈으나 모두 낙선하자 화학 테러를 위해 화학제조시설을 갖추고 사린(GB)을 생산하였다. 1994년 마츠모토 소재의 부동산 소유권 소송을 맡은 판사들이 거주하는 아파트에 사린을 살포하여 7명이 사망하고 500여 명이 부상을 입었다. 일본 경찰은 옴진리교가 독성화학물질을 생산하고 있음을 확인하고 1995년 3월 22일 강제수색을 할 예정이었다. 이러한 계획을 사전에 인지한 옴진리교는 사회 혼란을 야기하여 경찰의 관심을 돌리기 위해 3월 20일에 도쿄 지하철 3개 노선의 5칸의 지하철 객차에 사린(GB)을 살포하였던 것이다.[13]

2017년 2월 13일 오전 9시경 말레이시아 국제공항 대합실에서 여성 두 명이 손에 묻힌 화학물질을 김정남(북한의 일인자인 김정은의 이복형)의 얼굴에 2~3초 정도 문지르고 사라졌다. 김정남은 통증을 호소하면서 공항 의무실까지 걸어 들어갔으나 곧 저혈압으로 의식을 잃었다. 응급치료 후 김정남은 쿠알라룸푸르 병원으로 후송되었으나, 결국 오전 11시경 사망하였다. 2월 24일 말레이시아 경찰은 김정남의 시체와 가해자의 신체 및 소지품에서 VX가 검출되었다고 공식 발표하였다. 3월 7일에는 OPCW(화학무기금지기구)에서도 동일한 분석결과를 발표하면서 김정남 암살에 화학작용제 VX가 사용된 점에 대해 깊은 유감을 표명하였다. VX는 사린(GB)보다 흡입독성은 약 4배, 피부독성은 약 200배 이상 높으면서도 증기압은 매우 낮아 증발이 잘 안 되므로 대량살상보다는 요인 암살이나 지역오염을 위해 사용될 수 있다.

2018년 3월 4일 영국 솔즈베리(Salisbury)에 있는 쇼핑몰 야외 벤치에 러시아 전직 스파이인 세르게이 스크리팔(Sergei Skripal)과 그의 딸 율리아(Julia)가 쓰러져 있는 것이 발견되었다. 스크리팔 부녀는 곧 병원으로 후송되었고, 병원에서 채취한 생체시료(혈액, 소변, 머리카락 등)를 영국 국방과학기술연구소(Dstl)[14]에서 분석한 결과 구소련에서 개발한 화학작용제인 노비촉(Novichok)으로 3월 12일 최종 확인되었다.

3월 19일 영국에 도착한 OPCW 현장조사팀이 채취한 시료를 분석한 결과를 토대로, 4월 12일 OPCW는 해당 사건에 노비촉이 사용되었다고 발표하였다. 영국 총리는 해당 사건이 러시아의 소행임을 공포하였고, 23명의 러시아 외교관을 추방하였다.

한편, 6월 30일 영국 솔즈베리에서 약 13km 떨어진 에임즈베리

(Amesbury)에서 남녀 한 쌍의 중독 환자가 병원으로 후송되었다. 솔즈베리 근교에 거주하던 로울리(Charley Rowley)라는 남자가 재활용품 수거함에 버려진 향수병을 주워 에임즈베리에 사는 여자 친구인 스터게스(Dawn Strugess)에게 선물한 것이다.

그런데 손목에 그 향수를 뿌린 스터게스는 7월 8일 사망하였고, 냄새만 맡은 로울리는 7월 10일 의식을 회복하였다. 경찰은 향수병의 내용물을 국방과학기술연구소(Dstl)에 분석을 의뢰하였고, 솔즈베리에서 스크리팔 부녀에게 사용된 노비촉과 같은 물질임이 7월 12일 확인되었다. 9월 4일 OPCW도 에임즈베리 사건에서 발견된 물질이 3월 4일 솔즈베리 사건에서 사용된 노비촉과 같은 종류라는 것을 확인하였다.

2020년 8월 20일에는 러시아의 반정부운동가이자 푸틴 대통령의 정적인 알렉세이 나발니(Alexei Navalny)가 시베리아 톰스크(Tomsk)에서 모스크바(Moscow)로 향하는 비행기에서 중독 증세로 의식불명이 되는 사건이 발생하였다. 비행기는 옴스크(Omsk) 공항에 비상 착륙하였고, 나발니는 옴스크 제1 응급병원으로 긴급 후송되었다.

8월 22일 측근과 가족들의 강력한 요청으로 나발니는 다시 독일 베를린(Berlin)의 샤리테(Charité) 병원으로 이송되었고, 9월 2일 독일 정부는 나발니의 임상시료(소변, 혈액)를 분석한 결과 노비촉 계열의 화학작용제에 중독되었다고 발표하였다. 9월 17일에는 나발니가 러시아 톰스크에 머문 호텔 객실의 물병에서도 노비촉이 발견되었다. 9월 23일 나발니는 32일 만에 퇴원하였으나 후유증으로 꾸준한 재활이 필요한 상태였다. 10월 6일 OPCW는 나발니의 임상시료를 분석한 결과 2020년 6월에 개정·발효된 CWC 부속서의 규제물질에 새로 포함된 독성물질은 아니지만, 그와 유사한 구조적 특징을 지닌 물질이라고 발표하였다.[15]

화학작용제란 무엇인가

화학작용제는 생리적 작용에 따라 신경작용제(Nerve agent), 질식작용제(Choking agent), 혈액작용제(Blood agent), 수포작용제(Blister agent, Vesicant), 최루작용제(Tear agent), 구토작용제(Vomiting agent), 무능화작용제(Incapacitating agent), 대식물작용제(Herbicide) 등으로 분류할 수 있다. 또한 지속시간에 따라 지속성 작용제와 비지속성 작용제로 구분할 수 있다. G계열 신경작용제와 질식 및 혈액작용제는 대부분 비지속성 작용제로 분류되며, V계열 신경작용제와 수포작용제는 지속성 작용제로 분류한다.

화학작용제는 ① 매우 유독하면서도 취급이 용이하다. ② 저장 용기를 부식시키지 않고 장기간 분해가 일어나지 않아야 한다. ③ 살포시 독성효과를 잃지 않고 대기 조건에서 가수분해되지 않고 비교적 지속되어야 한다. ④ 살포시 발생하는 열에 견딜 수 있어야 하는 조건을 만족해야 한다.[16] 표 1은 대표적인 네 가지 종류의 화학작용제의 특성을 보여주고 있다.[17]

표 1. 군사용 화학작용제의 특성

구 분	코드명	지속시간		증상발현	침투경로	
		여 름	겨 울		기 체	액 체
질식 작용제	CG, DP	1~10분	10분~1시간	매우 빠름	폐	눈
수포 작용제	H, HD L CX	3일~1주일 1~3일 며칠	몇 주 몇 주 며칠	느림 빠름 매우 빠름	눈, 피부, 폐 눈, 피부, 폐 폐	눈 눈, 피부, 입
혈액 작용제	AC, CK	1~10분	10분~1시간	매우 빠름	폐	눈
신경 작용제	GA, GB, GD VX	10분~1시간 2일~1주일	2시간~3일 2일~몇 주	매우 빠름 빠름	눈, 폐 눈, 폐	눈, 피부, 입 눈, 피부, 입

질식작용제(Choking agent)

대표적인 질식작용제인 '포스겐(phosgene, CG)'은 그리스어로 '빛'을 뜻하는 포스(phos)와 '야기한다'는 의미의 게네스(genes)를 합쳐 만들어진 단어이다. 1812년 존 데이비(John Davy)가 처음 합성하였으며, 일산화탄소(CO)와 염소(Cl_2)를 햇빛 또는 고열 하에서 결합하여 만든다. 포스겐(CG)을 흡입하면 기관지와 폐에서 물(H_2O)과 반응하여 이산화탄소(CO_2)와 부식성의 염산(HCl)을 생성한다. 이산화탄소는 호흡중추를 마비시키고 염산은 폐포를 망가뜨려 폐에 혈장이 차게 만들어 질식사하게 만든다.[18]

공기보다 3배 무거운 포스겐은 야전에서 낮은 농도로 살포하여도 독성효과가 나타났기 때문에 더욱 위험한 물질로 평가되었다. 포스겐은 낮은 농도에 노출되면 즉각적으로 심한 고통은 주지 않지만, 독성효과는 축적되기 때문에 수 시간 또는 하루 정도 지나서 증상이 나타났다. 1915년 12월에 독일군이 영국군에게 처음으로 포스겐을 사용하였고, 1916년 2월부터는 프랑스군도 포스겐을 포탄에 충진하여 사용하였다. '디포스겐(Diphosgene, DP)'도 제1차 세계대전에 사용된 질식작용제로 포스겐(CG)보다 더 유독하며, 최루효과까지 있다. 디포스겐(DP)은 두 개의 포스겐 분자로 분리될 수 있었기 때문에 붙여진 이름이다. 독일군은 녹색 십자가(Green Cross)로 표시된 포탄에 충진하여 사용하였으며, 보통 10~15분 정도(겨울에는 30분) 효과가 지속하였다.

또 다른 작용제는 '니트로클로로포름(Nitrochloroform, PS)'으로 포스겐보다 독성은 약하지만, 지속성이 강해 약 1시간 이상(겨울에는 12시간) 지속하였다. PS는 피크릭산과 염소(Cl_2)를 반응시켜 주로 상업용으로 제조되었기 때문에 '피크리(Picri)'로 불렸다.[19]

그림 2. 독일군 화학탄

출처 : http://home.sandiego.edu/~hanley-08/germanshells.html

수포작용제(Blister agent)

제1차 세계대전에 사용되었던 화학작용제 중에서 가장 위협적인 것은 수포작용제로서, 전신에 수포를 일으키고 흡입할 경우 눈과 폐에 큰 상해를 주었다. 수포작용제는 '겨자(mustard)' 작용제, 'Hot Stuff', '이페리트(Yperite)', 'Lost', '황십자(Yellow Cross)' 등 다양한 이름으로 불렸다. 겨자 작용제라는 이름은 날카롭고 자극적인 냄새가 천연 겨자기름과 유사하여 붙여진 것이고, '이페리트'는 처음 사용된 이프르(Ypres) 지역의 이름에서 유래한 것이다. 'Lost'는 황겨자(sulfur mustard)의 제조과정을 고안한 화학자인 롬멜(Lommel)과 스타인코프(Steinkopf)의 이름을 딴 것이다. 수포성 화상을 입힐 수 있을 정도로 뜨거운 물질이라는 뜻으로 'Hot Stuff'라 불렸으며, 이를 줄여서 'HS'로 코드명을 부르다가 'H'가 되었다.

방독면으로 충분히 보호할 수 있었던 질식작용제와 달리 수포작용제는 접촉하는 모든 신체에 피해를 주었기 때문에 전신을 보호할 수 있는 보호의, 보호장갑과 덧신이 필요하게 되었다. 겨자 작용제는 증발이 느린 지속성 작용제로 통상 2~7일간(겨울에는 수 주일) 효과가 지속하였기 때문에 우군이 점령하지 않는 지역을 오염시키거나 후퇴할 때에 매우 유용하였다. 1917년 7월 12일 독일군은 황색 십자가(Yellow Cross)가 표시된 77밀리와 105밀리 포탄에 겨자 작용제를 충진하여 이프르(Ypres) 지역에서 연합군에 처음 사용하였다.

가스탄과 고폭탄은 대략 1대 3 정도의 비율로 사용되었다. 이

공격으로 14,000여 명의 부상자가 발생하였고, 그중에서 500명 이상이 3주 이내에 사망하였다. 7월 28일에는 3천여 명의 중독자가 발생하여 53명이 사망하였고, 8월에는 최소 20만 명의 사상자가 발생하였다. 연합군은 11월이 지나서야 깡브레(Cambrai) 전투에서 겨자 작용제를 사용하기 시작하였다. 제1차 세계대전 동안 중간 정도의 지속성을 갖는 수포작용제가 계속 연구되었다. 1918년 독일이 개발한 질소겨자(nitrogen mustard)는 '디크(Dick)'로 한 개의 황색 십자와 세 개의 갈색 십자 마크가 표시된 포탄에 충진되었다.

질소겨자는 황겨자보다 수포성은 약했으나, 잘 증발하여 호흡기에 큰 상해를 주었다. 한편 미국은 1917년 루이스(Lee Lewis) 대위가 개발하여 '루이사이트(Lewisite, L)'라고 불리는 새로운 비소(Arsine, As) 계열의 수포작용제를 오하이오(Ohio)주의 비밀공장에서 대량으로 생산하였다. 생산과정에서는 '쥐덫(mousetrap)'이라는 암호명으로 불렸다. 루이사이트는 흡입하거나 피부에 세 방울만 떨어져도 사망할 정도로 독성이 매우 강하다고 알려져 '죽음의 이슬'이라고도 불렸다. 루이사이트는 휘발성이 커서 저온에서도 사용할 수 있는 장점이 있었다. 그러나 루이사이트를 사용하기 전에 종전이 되는 바람에 실전에 사용되지는 않았다.[20]

혈액작용제(Blood agent)

시안화수소(hydrogen cyanide, HCN, AC)는 대표적인 혈액작용제로 혈액이 인체 세포에 산소를 공급하는 메커니즘을 방해하여 사망하게 한다. 제1차 세계대전 중에는 프랑스군이 유일하게 포탄에 충진하여 사용하였으며, '빈센나이트(Vincennite)' 또는 'French 4'로 불렀다. '청산' 가스로 알려진 시안화수소는 독성이 매우 강해 사형 집행이나 요인 암살에 사용되기도 하였다. 제2차 세계대전 중에서 나치 독일이 유태인의 대량학살에 사용하였다. 그러나 치명적인 농도를 짧은 시간에 만들기가 어려웠고, 독성효과도 누적되지 않았기 때문에 전장에서는 비효과적이었다. 염화시아노겐(cyanogen chloride, CK)은 시안화수소보다는 독성이 약하지만, 독성효과가 누적되고 최루효과도 있어 좀 더 효과적이었다. 또한 혈액작용제는 공기보다 분자량이 작아 성능이 저하된 방독면의 정화통을 쉽게 통과할 수 있다.[21]

청산 또는 시안산으로도 불리는 시안화수소(HCN)의 분자식을 정확하게 알아낸 것은 1815년 조제프-루이 게이 뤼삭이었다. 시안화수소는 약산으로 물에 녹으면 수소 양이온(H^+)과 시안 음이온(CN^-)을 일부만 유리하는데, 수소이온 때문에 산성을 띠게 된다. 시안(cyan)이 그리스어로 '청록색'을 의미하기 때문에 시안이온은 청산 이온과 동의어로 사용된다.

시안화수소가 발견된 것은 18세기 화학계에서 '프러시안 블루'[22]가 가장 인기 있는 연구주제였기 때문이다. 1752년 프랑스 화학자 피에르 마케르가 프러시안 블루 분자를 철염과 휘발성 기체로 분리할 수 있다는 사실을 발견했다. 이 기체의 정체는 1783년에서야 스웨덴의 화학자 칼 빌헬름 셸레(Carl Wilhelm Scheele)에 의해 밝혀졌는데, 그는 프러시안 블루와 황산을 반응시켜 독성물질인 시안화수소를 분리하고 냄새와 맛과 같은 특성뿐만 아니라 성분을 분석하였다.

프러시안 블루의 시안기는 철(Fe) 원자와 강하게 결합하고 있어 안정한 형태로 존재하기 때문에 먹어도 독성을 나타내지 않고, 오히려 탈륨이나 기타 유독성 금속에 의한 급성 중독의 해독제로 사용된다.[23] 그러나 혈액작용제의 시안기는 인체 내에서 세포의 미토콘드리아에 있는 시토크롬C산화효소(cytochrome C oxidase)의 3가철(Fe^{3+}) 원자와 강하게 결합하여 세포에 필요한 산소를 공급하지 못하게 하는 독성을 나타낸다.[24]

신경작용제(Nerve agent)

독일의 대표 화학기업이었던 이게파르벤(IG Farben)[25]의 게르하르트 슈뢰더(Gerhard Schröder)는 유기인산염(OP; organohosphate) 화합물로 살충제를 개발하고 있었다. 1936년 크리스마스를 이틀 앞둔 12월 23일 슈뢰더는 물질을 하나 합성하였고, 연휴를 보내고 복귀한 뒤부터 며칠 동안 계속 호흡이 가쁘고 눈이 흐릿해지는 것을 느꼈다. 슈뢰더는 이런 증상이 자신이 새로 합성한 물질 때문인 것을 깨달았다. 이 새로운 물질이 세계 최초의 신경작용제인 타분(tabun, GA, Trilon-83)이었다.

슈뢰더는 자신의 연구팀을 이끌면서 독성이 더욱 강한 신경작용제를 계속 개발하였다. 그 결과 1938년에 사린(sarin, GB),

1944년에는 소만(soman, GD)을 합성하였다. 독일은 제2차 세계대전 동안 타분 9,000톤, 사린 1,300톤과 소만 20톤 정도를 생산하였지만, 전쟁에서 사용하지는 않았다.

종전 이후 슈뢰더는 바이엘에 남아 1949년에 시클로사린(cyclosarin, GF)을 합성하였다. 사린(sarin)은 슈뢰더 연구팀원들(Schröder, Ambros, Rudiger, van der Linde)의 이름을 따서 명명되었다. 이들 G계열 신경작용제는 1세대(first generation) 신경작용제로도 불리며, 독일(German)을 뜻하는 알파벳 G에 개발된 순서대로 A, B, D 등을 붙여서 코드명이 붙여졌다.[26]

그림 3. G계열 신경작용제

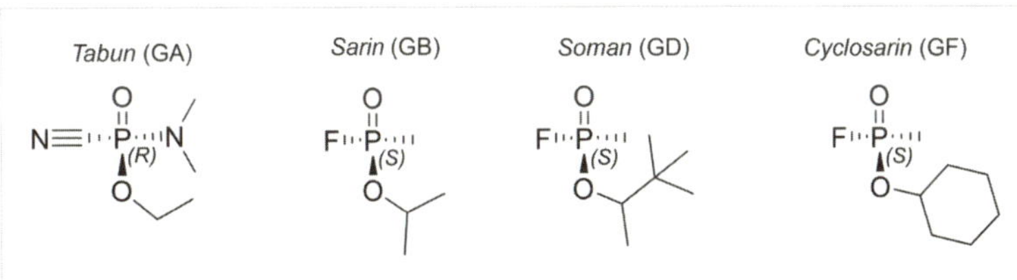

제2차 세계대전 이후 구소련과 미·영 연합군은 독일의 신경작용제 생산시설과 과학자들을 확보하려고 노력하였다. 영국 정부는 슈뢰더를 영입하려고 하였지만, 그는 제안을 거절하고 1947년 바이엘(Bayer)로 돌아갔다. 한편 화학무기 프로그램의 주요 책임자였던 암브로스(Otto Ambros)는 전범으로 8년 형을 선고받고 형기를 3년 치른 후에 미 육군의 화학무기 프로그램 자문을 위해 미국으로 이송되었다.

1952년 영국의 임페리얼 화학공업회사(Imperial Chemical Industries)

식물보호연구실의 생화학자 고쉬(Ranajit Ghosh)는 대표적인 V계열 신경작용제인 VX를 개발하였다. V계열 신경작용제는 2세대(second generation) 신경작용제로 불리며, V는 '맹독성(Venomous)'을 뜻한다.[27] 영국은 VX 합성법을 미국에 제공하는 대신 미국으로부터 열핵무기 정보를 얻었다.

구소련은 미국과 영국 등에서 입수한 자료들을 기초로 V계열 신경작용제를 제조하였다. 또한, 구소련의 과학연구소 42부(Soviet Union's Scientific Research Institute No. 42, NII-42)의 세르게이 이빈(Sergei Zotovich Ivin), 레오니드 소보롭스키(Leonid Soborovsky), 이야 쉴라코바(Iya Danilovna Shilakova) 등은 1957~1963년 동안 독립적으로 RVX(Russian VX, VR, R-33, Substance 33, Agent 'November')와 CVX (Chinese VX) 등을 개발하였다.[28] 구소련은 독일에서 노획한 타분(GA)의 일부를 실전에 배치하기도 했지만, 사린(GB), 소만(GD), RVX 등 세 가지 종류의 신경작용제를 대규모로 생산하여 실전에 배치하였다.[29]

그림 4 V계열 신경작용제

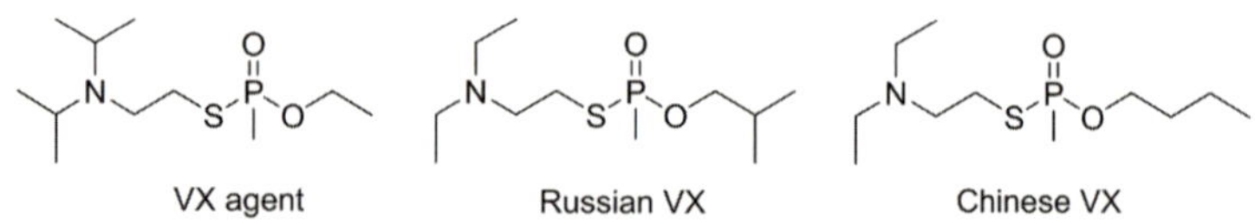

1950년대까지 모든 화학탄은 독성 화학작용제를 직접 포탄이나 탄두에 충진하는 '일원화탄(unitary system)'이었다. 그러나 이러한 일원화 화학탄은 저장관리가 어려웠고, 운용할 때에 심각한 누출 사고의 위험이 항상 있었다. 또한 공기 중의 수분이 침투하여 분해되

거나 겔(gel)화되어 폐기해야 할 때 과다한 비용이 들어가는 등의 다양한 문제점이 있었다.

미국은 이러한 위험과 단점을 극복하기 위해 이원화탄(binary system)을 개발하였다. 3세대(third generation) 신경작용제로도 불리는 이원화 화학탄은 두 종류의 무독성 또는 저독성 화학물질을 별도의 용기에 분리 보관하다가 사용 직전에 탄체에 장전한다. 탄체가 발사되면서 발생하는 충격으로 두 개의 용기를 분리하는 막이 파열되고 열과 회전력에 의해 탄체가 비행 중에 두 물질이 혼합되어 독성 화학작용제를 생성하게 된다. 미국은 이원화탄을 개발하기 위한 화학작용제로 사린(GB)과 VX를 선택하였으며, 1989년부터 본격 생산하였다.[30]

표 2. 미국의 이원화 화학탄

탄종	용도	작용제	구성물질1	구성물질2
M687	155밀리 포탄	GB2	IPA	DF
Blu-80B(Bigeye)	8인치 포탄	VX2	QL	Sulfur NM

그림5 이원화 신경작용제(GB-2, VX-2)

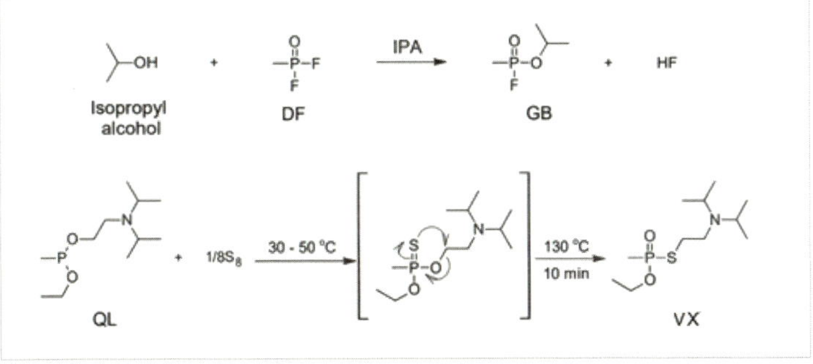

구소련은 1973~1976년 동안 습기에 취약한 RVX의 문제점을 해결하기 위해 새로운 이원화탄으로 개발하는 연구를 진행하였다. 이후 기술적인 실험을 통해 수많은 표본을 생산하였으며, 1983년 공산당 중앙위원회와 내각은 4세대(forth generation) 신경작용제를 개발하기 위해 'Foliant'로 불리는 극비 프로젝트의 시행을 승인하였다. 이후 '노비촉(Novichok, New Comer)'으로 널리 알려진 A계열 작용제 수백 종류를 개발하였고, 1989년 다섯 종류의 A계열 작용제를 무기화하여 생산하기 시작하였다.[31] 이 새로운 작용제는 NATO 회원국이 보유하고 있는 표준 화학탐지장비로 탐지가 불가능하고, 개인보호장비를 착용하더라도 체내로 침투가 가능하여야 하며, 저장 및 사용 측면에서 기존의 화학작용제보다 안전하고, 화학무기금지협약(CWC) 규제물질에 포함되지 않아야 한다는 조건을 만족하여야 하였다.[32]

이러한 사실은 'Foliant' 프로젝트에 참여하였다가 1992년 미국으로 망명한 러시아 과학자 미르자야노프(Vil Mirzayanov) 박사의 고발로 공개되었다. 2009년에는 최종적으로 아래와 같은 다섯 종류의 노비촉이 무기화되었다고 주장하면서 CWC 규제물질에 포함하도록 촉구하였다.[33] 이와는 다른 구조의 노비촉이 존재한다는 주장도 있지만,[34] 2008년 영국 솔즈베리와 에임즈베리 사건에서 발견된 독성물질은 미르자야노프 박사가 공개한 노비촉 중에서 A-234의 구조와 동일한 것으로 밝혀졌다.

2019년 11월 제24차 OPCW 회원국 총회에서 아래 그림과 같은 노비촉 그룹의 독성화학물질을 화학무기금지협약(CWC) 규제물질에 포함하기로 의결하였으며, 2020년 6월 7일 개정된 부속서(Protocol)가 발효되었다.[35]

그림6 A계열 신경작용제(Novichok)

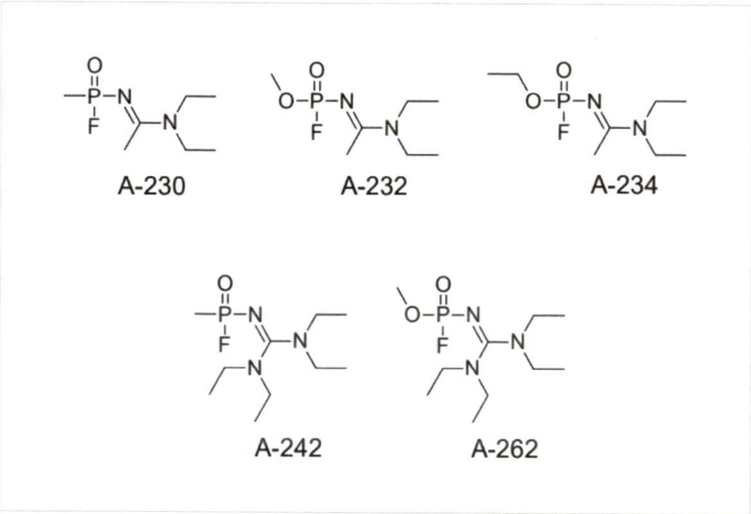

그림 7. Novichok의 다른 구조(Hoeing)

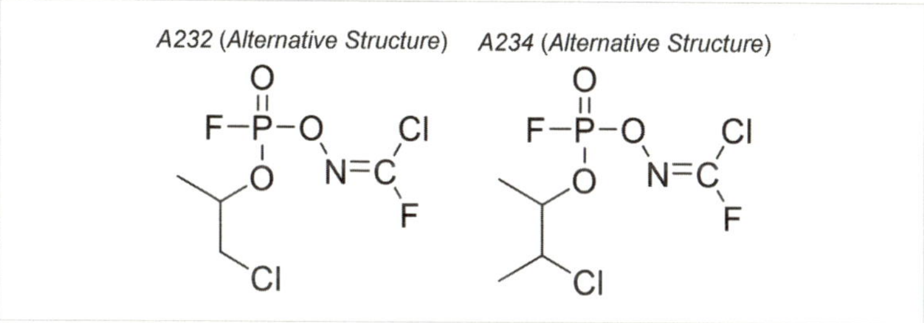

제4세대 신경작용제로 불리는 노비촉은 다음과 같은 특성을 가지고 있다.

첫째, 구조적으로 CWC 규제물질에 포함되지 않는 화학물질을 사용하여 합성함으로써 국제적 제재 또는 제약을 회피할 수 있다. 예를 들어 질식작용제36는 CWC 규제물질이지만, 이와 구조가 비슷한 Novichok의 전구물질인 dichloro(fluoro)nitrosomethane은 규제물질이 아니다.[37]

그림 8 phosphorylated oximes(by Hoenig & Ellison)

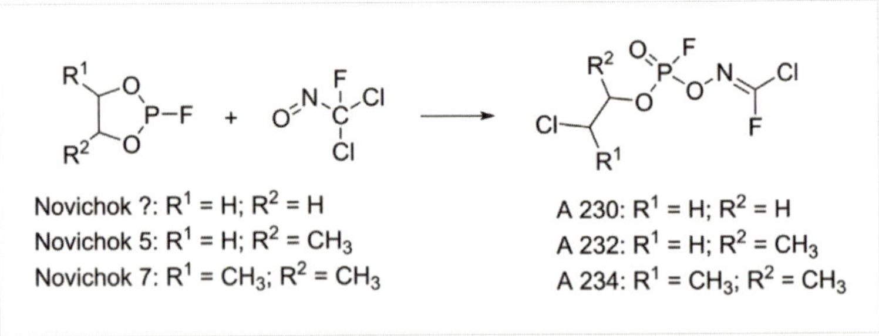

둘째, 노비촉은 이원화(binary) 화학탄으로 무기화되었기 때문에 관리와 운용이 용이하다. 학자에 따라서 위의 그림과 같이 A계열 신경작용제의 전구물질을 노비촉으로 명명하기도 하고, 아래의 그림과 같이 무기화된 이원화 작용제를 노비촉으로 분류하기도 한다.[38]

그림 9 phosphoroamidates(by Mirzayanov)

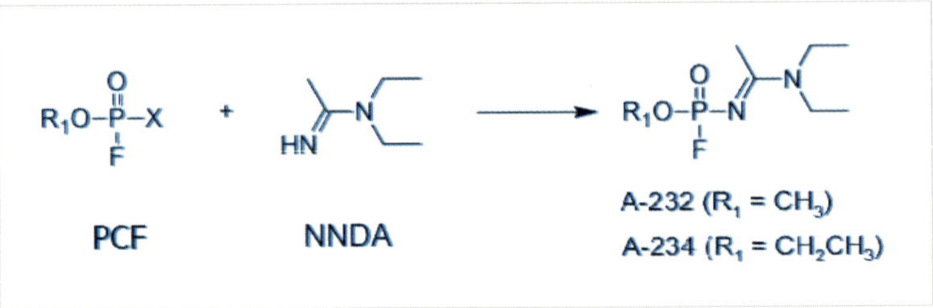

셋째, 노비촉의 독성은 신경작용제 중에서 가장 독성이 강한 VX

와 유사하거나 크다. 그리고 노화(aging) 속도가 매우 빨라서 노비촉에 중독되면, 1~3주 이내에 심각할 정도의 지연된 신경계 독성 효과가 나타나고 심한 후유증을 동반한다. Foliant 프로젝트에 참여하였던 젤레즈냐코프(Andrey Zeleznyakov) 박사는 A-232에 노출된 후 5년 뒤에 신경염증과 간질 등으로 사망하였다.[39]

신경작용제는 아래 그림과 같이 아세틸콜린분해효소(acetylcholine esterase, AchE)와 결합하여 신경계 독성 효과를 나타낸다. 신경작용제 중독 환자는 2-PAM과 같은 신경작용제 해독제를 투여하면, 신경작용제와 분해효소의 결합을 끊어 분해효소의 기능을 재활성화함으로써 독성 효과를 치료할 수 있다. 그러나 아세틸콜린분해효소와 결합한 신경작용제는 시간이 경과하면서 트리에스테르(triester) 형태에서 디에스테르(diester) 음이온 형태로 전환하게 된다. 이와 같은 현상을 노화(aging)이라고 하며, 이렇게 노화가 진행된 아세틸콜린분해효소는 해독제에 의해 재활성화되지 않는다.[40]

그림 10. 신경작용제의 노화(aging) 메커니즘

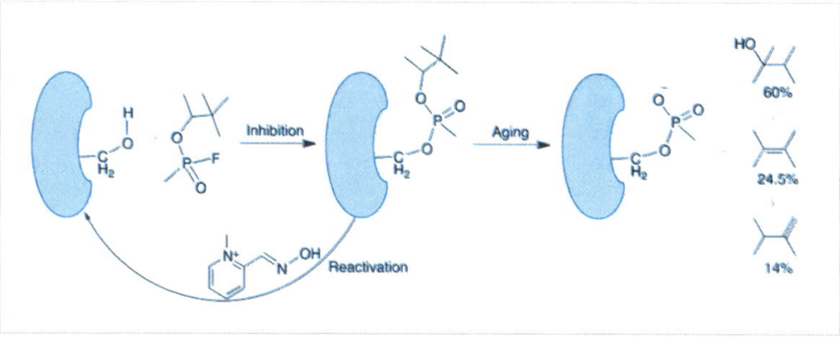

넷째, 노비촉의 물리적 특성은 G계열 및 V계열 신경작용제의 단점을 보완할 수 있다. 아래 표에서 보는 것처럼 VX는 독성은 강하지만 상온에서 살상에 필요한 증기가 잘 만들어지지 않는다. 반대로 사린(GB)는 독성 증기는 잘 만들어지는 반면 지속시간이 짧다. 노비촉의 증기압은 G계열 신경작용제와 비슷하거나 조금 낮아서 살상 효과를 극대화할 수 있다.[41]

표 3. 신경작용제의 특성 비교

신경작용제	사린(GB)	VX	노비촉(Novichok)		
			A-230	A-232	A-234
흡입독성 LCt_{50}(㎎·min/㎥)	55	15	1.9~3	6~10	7
피부독성 LD_{50}(㎎/70kg)	1,700	6~10	0.75~2	1~2	5
노화속도(aging rate)	19.2시간	36.5시간	2~4분	-	-
증기압(Pa)	2.9	0.0007	2.13	1.48	1.70
가수분해속도(μM/min)	6.68	0.246	0.17	0.061	0.0032

다섯째, 노비촉은 자연조건에서 가수분해(hydrolysis)가 잘 안 된다.[42] 2018년 6월 30일 에임즈베리 사건에서 발견된 향수병 속의 독성물질(노비촉 A-234)은 3월 4일 솔즈베리 사건에서 사용된 후 버려진 것이었다. 영국 정부는 노비촉 사건 발생일로부터 약 1년이 지난 2019년 3월 1일이 되어서야 모든 오염원이 제독이 완료되었다고 공식 발표하였다.

제2절 화학무기의 확산 통제

화학무기의 사용 금지를 위한 노력

1675년 8월 27일 프랑스와 독일 육군은 상호 독성이 함유된 탄의 제조를 금지하는 스트라스부르(Strasbourg) 협약에 서명했다. 이는 세계 최초로 화학무기의 사용을 금지하는 국제협약의 기원으로 알려져 있다. 약 220년 후인 1899년 7월 29일 독가스의 비인도적인 사용을 근절하기 위해 미국, 소련, 중국, 프랑스, 이탈리아, 일본 등 27개국이 참가하여 제1차 헤이그 조약을 체결하였으나, 미국이 비준을 거부하였다. 1907년 10월 18일에도 31개국이 참여하여 제2차 헤이그 조약을 체결하였으나, 제1차 세계대전에서 대규모의 화학무기 사용을 막지는 못하였다.[43]

제1차 세계대전 중에 화학무기로 사망한 인원은 전체 전사자의 약 1% 정도에 지나지 않았다.[44] 그러나 화학무기는 전쟁의 승패에 결정적이지도 않으면서 군인뿐만 아니라 민간인에게도 끔찍한 피해를 주었다. 이토록 잔인하고 비인도적인 무기에 충격을 받은 문학가들은 이를 사실적으로 묘사하면서 화학무기의 공포는 여론 속에 깊이 파고들었다. 이로 인해 전쟁에서 화학무기를 사용하는 것을 극렬하게 규탄하는 국제여론이 형성되었다.

1919년 6월 28일 미국의 제안으로 베르사유 평화조약이 체결되었으며, 독일의 화학무기 제조와 연구를 금지하고 관련 시설 모두를 연합국의 감시하에 파기하는 데 동의하였다. 1922년까지 화학전[45]은 바람직하지 못한 전쟁의 형태이므로 국제협약으로 금지해야 한다는 여론이 넓게 형성되었다. 마침내 1925년 6월 17일 국제연맹의 모든 가입국의 공동 제안으로 '질식성, 유독성 물질 및 같은 종류의 가스와 세균학적인 방법을 전쟁에서 금지'하는 제네바협약이 발의되었다.[46] 그러나 「제네바의정서」는 화학무기의 국제적 확산과 사용을 막지 못하였다.

1980년대에 들어 화학무기 금지가 유엔의 우선협상 과제로 선정되어 본격적으로 다시 논의되었다. 1984년에는 미국과 구소련이 화학무기 감축을 위한 양자회담을 시작하였다. 유엔 군축회의에서는 '화학무기 감축 특별위원회'를 구성하여 협약 초안을 작성하기 위한 협상이 시작되었다. 구소련과 바르샤바조약기구 동맹국들의 비협조적인 자세로 인해 협상은 예상보다 오랜 시간과 어려운 과정을 거쳤다. 1991년 구소련이 해체되고 미국이 일방적인 화학무기 폐기를 선언하면서 협상이 다시 급속하게 진전되었다. 1992년 8월 군축회의 대표들은 협약의 최종안을 확정하고, 12월에 유엔총회에서 의결하였다. 길고 어려운 협상 과정을 거친 화학무기금지협약(CWC)은 결국 1993년 프랑스 파리에서 서명회의를 가지게 되었다.[47]

화학무기금지협약

화학무기금지협약(Chemical Weapons Convention, CWC)[48]은 현존하는 대량살상무기(WMD)의 군축 및 비확산 관련 국제레짐 중에서 가장 성공적인 체제로 인정받고 있다. 1993년 1월 13일 협약의 서명식이 거행된 이후 4년간 '준비위원회(Preparatory Commission; PrepCom)'를 통해 다소 모호한 합의를 이룬 미해결 쟁점 사항에 대해 추가적인 협상을 진행하였다. 이를 통해 협약을 보다 구체화하여 1997년 4월 29일에 협약을 발효하면서 동시에 화학무기금지기구(Organization for the Prohibition of Chemical Weapons; OPCW)를 설립하였다.

2021년 현재까지 193개국이 가입 및 비준하였으나, 이스라엘은 1993년 서명 이후 비준을 하지 않고 있으며, 북한, 남수단, 이집트 등 3개국은 서명조차 하지 않고 있다.

화학무기금지협약은 전문과 24개 조항의 본문, '화학물질', '검증', '비밀정보보호' 등의 3개 부속서로 구성되어 있다. 협약 본문은 화학무기에 대해 상세하게 정의하고(2조), 모든 화학무기의 개발·생산·취득·저장·보유·이양·사용 등을 금지하며, 화학무기 및 생산시설의 폐기를 의무화하고 있다(1조). 2020년 12월 기준 전 세계의 9개 화학무기 보유국에서 신고한 72,304톤의 화학무기 중에서 71,141톤을 폐기하여 98.4%의 폐기율을 보이고 있다.

이와 같은 협약의 이행과 준수여부는 신고 및 사찰절차에 의해 검증된다(9조 및 검증부속서). 또한 협약의 이행을 위한 화학무기금지기구(OPCW)를 설립하여 모든 회원국에 대한 신고와 사찰절차를 시행하고 있다(8조). 특히 모든 회원국은 협약을 위반할 우려나 의혹을 가질 수 있는 다른 회원국 관할의 장소와 시설에 대해 강제사찰을 요구할 수 있으며, OPCW는 강제사찰을 시행할 수 있는 권한을 가지고 있다(9조).[49]

화학무기금지협약은 다른 대량살상무기(WMD) 관련 국제협약과 비교할 때 다음과 같은 특징이 있다.

첫째는 협약 이행의 '보편성'이다. 핵보유국의 지위를 인정하는 '핵확산금지조약(NPT)'과는 달리 모든 회원국에게 화학무기의 개발·제조·생산·보유·배치·사용·이전 등을 완전히 금지하고, 보유하고 있는 모든 화학무기와 생산시설을 폐기하도록 하고 있다.

둘째는 강력한 '검증체제'이다. 화학무기 관련 시설뿐만 아니라 독성 화학물질을 다루는 산업시설에 대해서도 검증하고 있으며, 정기사찰뿐만 아니라 미신고시설에 대해서도 강제사찰을 시행할 수 있다. 또한 생물학무기금지협약(BWC)와는 달리 협약을 이행할 수 있는 상설기구인 OPCW는 유엔 산하의 독립기구로 운영하고 있다.

셋째는 미가입국에 대한 '제재조치'이다. 협약은 회원국들이 비회원국들에게 특정 화학물질을 수출하거나 관련 기술을 이전하는 행위를 금하고 있다. 화학무기금지협약과는 별개로 1985년 6월 설립된 비공식 협의체인 호주그룹(Australia Group, AG)은 회원국들에게 화학작용제 및 전구물질(63종), 이중 용도 화학제조시설, 장비 및 관련

기술(반응기, 저장탱크, 열교환기, 응축기, 증류탑, 펌프 등)에 대해 통제목록을 만들고 수출을 규제하도록 하고 있다.[50]

화학무기금지기구

화학무기금지기구(OPCW)는 화학무기금지협약(CWC)의 이행을 관장하는 국제기구로서 네덜란드 헤이그(Hague)에 있다. 화학무기금지기구는 세 개의 하부기구 '당사국회의(Conference of the State Parties)', '집행이사회(Executive Council)', '기술사무국(Technical Secretariat)' 등으로 구성되어 있다. 모든 회원국의 대표로 구성되는 당사

그림 12. OPCW 본부 건물(위)과 당사국총회(아래)

출처 : Agence France Press

국총회는 최고정책결정기구로서, 매년 1회 정기회의와 수시 특별회의를 개최할 수 있다.

집행이사회는 임기 2년의 41개 이사국 대표로 구성되며, 매년 4~5차례의 정기회의와 수시 임시회의를 개최한다. 기술사무국은 사무총장 아래에 약 250명 정도의 사찰관을 포함하여 약 500명의 직원으로 구성된다.[51] 2021년 5월 기준 세계 각지에서 총 4,945회의 사찰을 시행하였으며, 회원국들이 신고한 7만여 톤의 화학무기 폐기 과정을 감시하였다. 또한 회원국의 요청에 따라 화학무기 사용 여부의 조사와 검증을 지원하고 있다. 이를 위해 화학무기금지기구가 인증한 '지정실험실(Designated Laboratories)'이 20개국에 23개소가 운영되고 있다.[52]

세계 각국의 화학무기 폐기 노력

OPCW에 화학무기 보유를 신고한 국가는 모두 9개국이며, 2020년 기준 신고된 72,304톤의 화학무기 중 71,141톤(98.4%)을 폐기하였다. 화학무기 1위 보유국이었던 러시아는 7개 저장시설[53]에 보유하고 있던 화학무기 39,967톤을 신고하였고, 2017년 7월 27일 전량을 폐기하였다고 선언하였다. 미국은 9개 저장시설에 보유하고 있던 31,500톤의 화학무기를 신고하였고, 푸에블로(Pueblo)와 블루그래스(Blue Grass) 2개 저장시설에 비축한 화학무기의 폐기가 2023년까지 마지막으로 진행될 예정이다.

리비아는 2004년 CWC에 가입하면서 24.7톤의 화학무기와

1,390톤의 원료물질을 신고하였고, 2011년 약 2톤의 화학무기를 추가로 신고하였다. 2014년 화학무기의 전량을 폐기하였고, 2016년까지 원료물질을 모두 폐기하였다. 인도와 알바니아는 미국의 지

표 4. 세계 화학무기 폐기량(2020년 기준)

구 분	총 계	목록1물질	목록2물질
신고량	72,304톤	70,493톤	1,811톤
폐기량	71,141톤	69,330톤	1,811톤
폐기율	98.39%	98.35%	100.0%

그림 13. 화학무기 폐기 완료(러시아, 2017년)

출처 : "러시아 구소련의 화학무기 완전 폐기, 푸틴 '화학무기 없는 세상, 역사적인 날'", BUYRUSSIA21, 2017.9.28.
http://www.buyrussia21.com/news/articleView.html?idxno=27174

원을 받아 각 2007년과 2009년에 화학무기 전량을 폐기하였다. 시리아는 내전 중이던 2013년 뒤늦게 CWC에 가입하여 화학무기와 원료물질 1,335톤을 신고하였고, 2014년 해상에서 1,307톤(98%)를 폐기하였으며 2015년에 잔여량을 모두 폐기하였다. 일본은 제2차 세계대전 당시 중국 내에 유기하였던 화학무기의 발굴과 폐기를 위해 1999년 내각부에 유기화학무기처리담당실(ACWO)을 설치하여 2014년부터 폐기를 시작하였고, 2022년까지 전량 폐기를 목표로 하고 있다. 이라크는 불안정한 국내 상황과 저장시설의 오염 등으로 폐기가 지연되고 있다.[54]

OPCW의 화학무기 사용 조사: 시리아 내전

시리아는 2013년 10월 CWC에 가입하고 2015년 화학무기 전량을 폐기하였으나, 시리아 내에서 여전히 화학무기가 사용되었다. 이에 OPCW는 2014년 5월 사실조사팀(FFM; Fact-Finding Mission)을 편성, 시리아 내에서 발생한 의심 사건을 조사하여 화학무기가 사용되었음을 확인하였다.[55] FFM의 조사 결과를 토대로 화학무기의 사용 주체를 밝히기 위해 2015년 8월 UN-OPCW 연합조사팀(JIM; Joint Investigative Mechanism)을 설치, 조사하였으나 소기의 목적을 달성하지 못한 채 2017년 11월 임무가 종료되었다.

OPCW는 2018년 6월 27일 "화학무기 사용 위협 대응"이라는 당사국 회의에서 시리아 내 화학무기의 사용 주체를 밝히기 위한 식별조사팀(IIM; Investigation and Identification Team)의 설치를 결정하였다. IIM은 FFM이 조사한 9건의 사건 중에서 2017년에 발생한 3건의 사건을 2019년 6월부터 2020년 3월까지 9개월 동안 조사하여 2020년 4월 화학무기의 사용 주체가 시리아 정부군임을 밝혔다. 화학무기의 사용 여부만을 조사하는 사실조사팀(FFM)은 전원 사찰관으로 구성되지만, 화학무기의 사용 주체를 밝히는 식별조사팀(IIT)은 사찰관 외에 법률, 위성사진, 포렌식 등 다양한 분야의 전문가로 편성되었다.

IIT는 2017년 3월 시리아의 라타메나(Ltamenah)에서 화학무기를 사용한 주체를 밝히기 위해 ① 해당 기간 및 지역에서의 군사 활동 및 기상조건, ② 발견된 탄체의 이동 경로와 영향력, ③ 탄체를 운반할 수 있는 항공기와 비행경로, ④ 화학무기 피해자의 증상, ⑤ 탄체 잔여물 분석을 통한 탄체 원형과 출처 식별, ⑥ 시료 분석결과 비교 등 6가지 항목을 집중적으로 조사하였다. 이를 통해 시리아 정부군 소속의 공군기지에서 출격한 군용기가 화학탄과 염소가스 실린더를 투하한 것으로 최종 판단하여 화학무기 사용 주체를 시리아 정부군으로 특정하였다.[56]

참고문헌

1 제임스 M. 러셀, 안희정 옮김, 『방구석박물관』(원제: Plato's Alarm Clock And Other Amazing Ancient Inventions), 서울:지학사, 2019, 237~238쪽.

2 이승달·양일우·이남택·정우영·계영식·김성일·김동욱, 『군사화학』, 서울:봉명, 2004, 311~312쪽.

3 이내주, 『전쟁과 무기의 세계사』, 서울:채륜서, 2017, 192~193, 213쪽.

4 데릭 로, 최가영 옮김, 『한 권의 화학: 화약부터 그래핀까지』, 프리렉, 2017, 260쪽.

5 양대규, 『독가스대전쟁』, 육군본부, 2001, 313~315쪽.

6 The Diagram Group(조필군 등 옮김), 『무기의 세계사: 역사 속의 신무기』(원제: The New Weapons of the World), 서울:노드미디어, 2009, 268쪽.

7 이내주, 앞의 책, 194~195쪽.

8 질소(N_2)는 공기의 78%를 차지하지만, 화학반응을 거의 일으키지 않는다. 그런데 1909년에 하버는 르샤틀리에의 법칙을 이용하여 고온고압의 조건과 철이나 루테늄 금속촉매 하에서 질소 기체와 수소(H_2) 기체를 반응시켜 암모니아(NH_3)를 인공적으로 합성하였다. 암모니아는 질소 비료를 만드는 핵심 전구물질이다. 독일 화학자 보슈는 좀 더 나은 촉매를 개발하여 하버의 암모니아 합성법을 상업적으로 활용이 가능한 수준으로 개량하였고, 1913년에 최초의 암모니아 공장을 열었다. 그러나 제1차 세계대전 동안 대량으로 생산된 암모니아는 폭발물의 원료인 질산 제조에 악용되었다(데릭 로, 2017, 242쪽).

9 마스카와 도시히데, 김범수 옮김, 『과학자는 전쟁에서 무엇을 했나』, 서울:동아시아, 2017, 36~41쪽.

10 황건, 『인류의 전쟁이 뒤바꾼 의학 세계사』, 경기:살림출판사, 2020, 118쪽.

11 김유항·황진명, 『전쟁은 어떻게 과학을 이용했는가』, 경기고양:사과나무, 2021, 63~65쪽.

12 피터 퍼타도, 앞의 책, 909쪽.

13 Tu, Anthony(2007), Toxicological and Chemical Aspects of Sarin Terrorism in Japan in 1994 and 1995, Toxin Reviews, 231~274.

14 Dstl(Defense Science and Technology Laboratory): 솔즈베리에 소재한 영국군의 전투무기 개발 임무를 수행하는 연구소로 약 3,700여 명이 근무하고 있으며, OPCW 지정 실험실도 운영하고 있다.

15 OPCW Technical Secritariat, Summary of the Report on Activities

Carried Out in Support of a Request for Technical Assistance by Germany, OPCW Technical Note: S/1906/2020, October 6, 2020.

16 이승달 등, 앞의 책, 311~313쪽.

17 김유항·황진명, 앞의 책, 51쪽

18 K. 메데페셀헤르만, F. 하마어, H. J. 크바드베크제거 공저(권세훈 옮김), 『화학으로 이루어진 세상』, 서울:에코리브르, 2007, 289쪽.

19 양대규, 앞의 책, 25~29쪽.

20 양대규, 앞의 책, 30~39쪽.

21 양대규, 앞의 책, 45~47쪽.

22 짙은 파란색 물감 또는 그러한 색을 말한다. 햇볕에 색이 바라지 않는 무독성의 인공 염료로 1706년경 당시 프러시아의 수도 베를린의 염료제조업자 요한 야코프 디스바흐(Johann Jacob Diesbach)가 제조하여 '베를린 블루(Berlin blue)'라고 불렀다. 이후 프랑스 파리에 사업장을 차리고 '파리 블루(Parisian blue)'라는 이름을 붙였으나, 1724년 영국에 알려지면서 '프러시안 블루(Prussian blue)'라는 이름으로 불리게 되었다. 데릭 로, 앞의 책, 72쪽.

23 데릭 로, 앞의 책, 76쪽.

24 메데페셀헤르만 등, 앞의 책, 284~286쪽.

25 제1차 세계대전 이후 1925년 독일의 6개 화공기업이 합병하여 만든 세계 최대의 화공기업으로 사업규모는 세계 4위였다.

26 데릭 로, 앞의 책, 304쪽.

27 김유항·황진명, 앞의 책, 53~55쪽.

28 Franca, T., Kitagawa, D., Cavalcante, S, da Silva, J, Nepovimova, E., and Kuca, K.(2019), Novichoks: The Dangerous Fourth Generation of Chemical Weapons, International Journal of Molecular Sciences, 20, 1222. p.2.

29 Lev A. Fedorov(양정성·이상재 옮김), 『러시아의 화학무기 정책』, 서울:북스힐, 2004, 12~13쪽.

30 Franca, T. et al.(2019), 앞의 논문, p.3.

31 Fedorov, 앞의 책, 14쪽.

32 Kloske, M. & Witkiewicz, Z.(2019), Novichoks: The A Group of Organophosphorus Chemical Warfare Agents, Chemosphere, 221, p.676.

33 Mirzayanov, V. S.(2009), State Secrets : An Insider's Chronicle of the Russian Chemical Weapons Program, Outskirts Press Inc.: Parker, CO, USA; ISBN 1432725601.

34 Hoenig, S. I.(2007), Compendium of Chemical Warfare Agents,

Springer-Verlag: New York, USA.

35 OPCW, OPCW Requests Extention of OPCW Technical Assistance for Amesbury, UK Incident, OPCW Report, October 7, 2018.

36 chloropicrin(trichloronitrometane), fluoropicrin(trifluoronitro- metane), trifluoronitrosometane

37 Nepovimova, E. & Kuca, K.(2018), Chemical Warfare Agent NOVICHOK: Mini-review of Available Data, Food & Chemical Toxicology, 121, 343~350.

38 Franca, T. C. C. et al.(2019), Novichoks: The Dangerous Fourth Generation of Chemical Weapons, International Journal of Molecular Science, 20, 1222.

39 Worek, F. et al.(2004), Kinetic Analysis of Interactions Between Human AChE, Structurally Different Organophosphorus Compounds and Oximes, Bioche- mical Pharmacology, 68, 2237~2248.

40 이승달 등, 앞의 책, 416~417쪽.

41 Franca, T. C. C. et al.(2019), Novichoks: The Dangerous Fourth Generation of Chemical Weapons, International Journal of Molecular Science, 20, 1222.

42 Harvey, S. P., McMahon, L. R., & Berg, F. J.(2020), Hydrolysis and Enzymatic Degradation of Novichok Nerve Agents, Heliyon, 6, e03153. Table 1. Measured rates of hydrolysis at 25℃ in 50mM bis-tris-propane, pH 7.2.

43 양대규(2001), 앞의 책, 2001, 314~315쪽.

44 맥스 부트(송대범·한태영 옮김), 『전쟁이 만든 신세계』(원제: Made in War), 서울:플래닛미디어, 2008, 856쪽.

45 화학전은 사람을 살상하기 위해 화학무기(독가스)를 사용하여 싸우는 전술 및 기술로 정의할 수 있다.

46 양대규(2001), 앞의 책, 313~319쪽.

47 류광철·이상화·임갑수, 『군축과 비확산의 세계』, 서울:평민사, 2005, 157~158쪽.

48 정식명칭은 「화학무기의 개발·생산·비축·사용 금지 및 폐기에 관한 협약」(Convention on the Prohibition of the Development, Production, Stockpiling and Use of Chemical Weapons and on Their Destruction)이다.

49 자세한 내용은 OPCW 홈페이지(www.opcw.org)와 한국정밀화학산업진흥회 CWC 홈페이지(cwc.kscia.or.kr)를 참조.

50 류광철 등(2005), 앞의 책, 154쪽.

51 류광철 등(2005), 앞의 책, 167~169쪽.

52 23개 실험실은 환경시료(environmental sample) 분석능력을 보유하고 있으며, 이 중에서 우리나라를 포함한 13개국의 18개 실험실은 임상시료(biomedical sample) 분석능력도 보유하고 있다. 출처: OPCW 홈페이지(www. opcw.org)

53 7개 저장시설은 포체프(Pochep), 마라디코바(Maradykovsky), 레오니도프카(Leonidovka), 캄바르카(Kambarka), 키즈네르(Kizner), 시추치예(Schchichye), 고르니(Gorny) 등에 설치되었다.

54 OPCW Secritariat, Draft Report and the OPCW on the Implementation of the Convention on the Prohibition of the Development, Production, Stockpiling ad Use of Chemical Weapons and on Their Destruction in 2020, EC-97/2 C-26/CRP.1, 7 July 2021.

55 OPCW, Report of the OPCW Fact-Finding Mission in Syria Regarding Alleged Incident Syrian Arab Republic, Note by the Technical Secretariat, 2015.

56 OPCW, First Report by the OPCW Investigation and Identifi- cation Team Pursuant to Paragraph 10 of Decision "Addressing the Threat from Chemical Weapons Use, Ltamenah(Syrian Arab Republic)" 23, 25 and 30 March 2017, Note by OPCW Secretariat, 8 April 2020.

제4장

핵무기

제1절 핵무기의 탄생

핵무기란 무엇인가

핵무기(nuclear weapon)는 핵분열 또는 핵융합 반응에 의해 발생하는 에너지를 이용하여 파괴 또는 살상의 목적으로 이용하는 무기를 총칭한다. 반응형식에 따라 핵분열무기와 핵융합무기로 분류하며, 사용 목적에 따라 전술핵무기와 전략핵무기로 나눌 수 있다. 핵무기의 위력은 TNT(trinitrotoluene) 폭약의 질량으로 환산하여 표시한다. 예를 들어 1kt급 핵무기는 1,000ton의 TNT 폭약을 폭발시킨 폭발력과 같다.[1]

핵무기는 제2차 세계대전 이후 국제정치의 구조와 전쟁의 양식을 바꾼 대표적인 첨단무기이다. 적군의 암호를 해독하기 위해 처음부터 군의 요청으로 개발된 컴퓨터와는 달리 핵무기는 핵물리학자들이 정부에 건의하여 개발되었다. 즉 핵무기의 개발은 엘리트 핵물리학자들의 초국가적 네트워크에 의해 이루어졌다.[2]

핵무기의 씨앗: 핵분열의 발견

$$^{235}_{92}U + ^{1}_{0}n \rightarrow ^{236}_{92}U \rightarrow ^{141}_{56}Ba + ^{92}_{36}Kr + 3^{1}_{0}n$$

독일의 과학자 오토 한(Otto Hahn)은 제2차 세계대전 중에 핵분열을 발견하였다. 1938년 그는 우라늄 원자핵을 중성자로 충격을 가하면 우라늄 원자가 원자번호가 작은 원자로 쪼개진다는 사실을 알아냈다.[3] '핵물리학의 아버지' 영국의 물리학자 어니스트 러더포드(Ernest Rutherford, 1908년 노벨 화학상 수상)에 의해 중성자의 존재가 확인되면서 이탈리아의 핵물리학자 엔리코 페르미(Enrico Fermi, 1938년 노벨 물리학상 수상)는 본인이 개발한 중성자 생성장치로 다양한 원소에 중성자를 충돌시킴으로써 원자핵이 중성자를 흡수하여 더 무거운 새로운 원소를 만드는 실험에 몰두했다. 그러나 페르미의 부인이 유대인이었기 때문에 무솔리니 정권의 박해를 피해 1938년 노벨상을 받을 때 미국으로 망명하였다.

1938년 독일 베를린에 소재한 카이저 빌헬름 연구소의 오토 한은 우라늄(U: 원자번호 92) 원자보다 질량이 무거운 새로운 원자가 생성될 것을 예상하고 우라늄 원자핵에 중성자를 충돌시키는 실험을 진행하였으나, 예상과는 달리 우라늄보다 훨씬 가벼운 바륨(Ba: 원자번호 56)과 크립톤(Kr: 원자번호 36) 원자 두 개가 만들어졌을 뿐만 아니라 두 원자의 질량의 합(142+91=233)이 우라늄 원자 하나의 원자량(235)보다 작아졌다. 그는 동료 연구원이었으나 히틀러의 박해를 피해 스웨덴으로 이주한 오스트리아 출신 유대인 핵물리학자인 리제 마이트너(Lise Meitner)에게 자신의 실험 결과를 보내 자문을 구하였다.

그녀는 중성자에 의해 우라늄 원자핵이 두 개로 쪼개진 것이라고 결론을 내렸다. 또한 그녀는 우라늄 원자핵이 분열될 때 전체 질량의 합이 줄어들게 되는데(질량결손), 이 줄어든 질량에 빛의 속도의 제곱을 곱한 것이 에너지로 전환된 것으로 가정하였다. 그녀는 이 가정에 대한 이론적 근거로 질량과 에너지의 관계에 대한 알베르트 아인슈타인(Albert Einstein, 1921년 노벨 물리학상 수상)의 공식 $E=mc^2$를 사용하였다. 이 가정의 핵심은 우라늄은 중성자 충돌에 의해 핵분열이 일어나며, 막대한 에너지를 방출한다는 것이다.

덴마크의 저명한 핵물리학자인 닐스 보어(Niels Bohr, 1922년 노벨 물리학상 수상)는 자신의 연구원이자 마이트너의 조카인 오토 프리쉬(Otto Frisch)를 통해 이 연구결과를 접하게 되었고, 핵분열을 이용한다면 기존의 폭발물과는 비교할 수 없을 정도로 엄청난 위력을 갖는 새로운 형태의 폭발물을 만들 수 있다는 것을 인식하게 되었다.

마이트너와 프리쉬는 '중성자를 이용한 우라늄의 분열: 새로운 형태의 핵반응'이라는 논문을 영국 과학잡지 『네이처』에 실었는데, 이 논문에서 '핵분열'이라는 용어를 처음 사용하였다. 보어는 1939년 1월 미국 워싱턴에서 열린 세계 이론물리학자 대회에서 이러한 사실을 전달하였고, 모두 핵분열을 이용한 가공할 무기를 나치 독

일이 개발할 수도 있다는 두려움을 느꼈다.[4]

핵무기의 개발: 맨해튼 프로젝트(Manhattan Project)

나치 독일을 피해 영국으로 망명한 헝가리 물리학자 레오 실라르드(Leo Szilard)는 나치 독일이 핵분열을 이용한 가공할 무기를 개발하게 될 것이라고 생각하였다. 실제로 독일은 체코슬로바키아의 우라늄 광산을 점령하고 있었으며, 우라늄의 수출을 전면 금지하였다. 그는 핵무기가 개발될 수밖에 없다면 독일보다는 미국이 먼저 개발해야 한다고 판단하였다.

독일 물리학자 유진 위그너(Eugene Wigner)와 의논한 그는 미국의 루스벨트(Franklin D. Roosevelt, 32대) 대통령이 이 사실을 알아야 한다고 생각하였고, 이 일은 자신보다 세계적으로 저명한 물리학자인 아인슈타인(Albert Einstein)이 하는 것이 좋겠다고 생각했다.

1939년 6월 16일 그는 위그너와 함께 뉴욕에서 휴가 중인 아인슈타인을 찾아가 논의한 끝에 아인슈타인의 이름으로 '독일이 원자폭탄을 개발할 수 있다.'고 경고하는 내용의 편지를 루스벨트 대통령에게 보내기로 하였다. 8월 2일 아인슈타인의 서명을 받은 편지는 10월 11일 실라르드의 지인이자 루스벨트 대통령의 개인 고문이었던 경제학자 알렉산더 삭스(Alexander Sachs)에 의해 루스벨트 대통령에게 전달되었다.[5]

루스벨트 대통령은 '우라늄위원회'를 설치하였고, 원자폭탄 개발을 위한 첫걸음이 되었으며, 오토 한이 저술한 『응용방사화학』은 맨해튼 프로젝트의 '바이블'이 되었다.[6] 1941년 12월 일본의 진주만 기습에 의한 미국의 참전과 영국 정부의 원폭 개발 연구 자료의 제공[7]으로 미국의 원자폭탄 개발 연구는 급속도로 진행되었다. 영국이 제공한 자료에는 우라늄-235뿐만 아니라 플루토늄-239도 원자폭탄의 핵물질이 될 수 있다는 최고급 정보가 포함되어 있었다.[8]

마침내 1941년 10월 9일 루스벨트 대통령은 핵무기 개발에 대해 공식적으로 승인하였다. 미국은 우선 시카고 대학을 중심으로 이론적 연구와 실험적 연구를 통해 원자폭탄의 개발 가능성을 검토하였다. 페르미와 실라르드를 비롯한 저명한 핵물리학자들이 이 연구팀에 합류하였다. 연구 단계를 넘어서 원자폭탄의 제조와 관련한 구체적인 계획(국립과학아카데미 보고서)에 대한 대통령의 승인은 진주만 공습이 있고 나서 6주 뒤인 1942년 1월 19일이었다.[9]

이후 '맨해튼 프로젝트'[10]로 잘 알려진 미국의 원자폭탄 개발계획 기구가 1942년 9월 출범하였다. 최초준비위원회는 맨해튼에 위치해 있었지만, 실제 개발과 관련한 주요 시설들은 테네시 주의 오크리지(Oak Ridge), 워싱턴 주의 핸포드(Hanford), 뉴멕시코 주의 로스앨러모스(Los Alamos)에 위치하고 있었다.[11] 맨해튼 프로젝트의 총괄책임은 미 육군 공병단의 레슬리 그로브스(Leslie R. Groves Jr.) 장군[12]에게 맡겨졌다. 그는 오크리지에 원자폭탄에 사용될 우라늄을 농축하는 대규모 공장(site X)을 세웠다.

그러나 이곳에서 1945년 여름까지 생산할 수 있는 농축 우라늄은 원자폭탄 하나를 만들 정도였기 때문에 핸포드에 대규모 재처리시설[13](site W)을 만들어 플루토늄을 동시에 생산하였다.[14] 또한, 전국에 퍼져 있던 연구시설과 연구자들을 효율적으로 관리하기 위해 이전이 가능한 시설과 인력들을 로스앨러모스로 집결시켰다.

그로브스 장군과 오펜하이머(John R. Oppenheimer) 박사는 로스앨러모스 고등학교가 있던 자리에 로스앨러모스 국립연구소(Los Alamos Laboratory, site Y)를 세웠으며, 연구소의 지휘는 오펜하이머 박사가 담당하였다. 맨해튼 프로젝트의 규모는 점차 확대되었고, 절정기에는 20억 달러 이상의 예산과 60만 명 이상의 인력을 운영하였다.[15]

시카고 대학의 페르미 교수는 원자폭탄 개발의 출발점이 되는 핵분열 '연쇄반응(chain reaction)' 연구를 맡았고, 대학교 운동장 단상 아래의 스쿼시 코트에 세계 최초의 원자로인 '시카고 파일(Chicago Pile No.1)'[16]을 만들었다. 6톤의 우라늄, 50톤의 산화우라늄, 400톤의 흑연벽돌을 57층으로 쌓아 만든 원형 파일의 높이와 지름은 약 7m나 되었다. 1942년 12월 2일 오후 이 원자로에서 핵분열 연쇄반응이 일어났으며, 세계 최초로 연쇄반응을 제어하는 데 성공하였다. 이로써 원자폭탄을 만들기 위해 가장 중요한 기술적 장벽을 극복하게 되었다.[17]

1943년 봄부터 로스앨러모스 연구소에서 원자폭탄을 만들기 위한 실무연구가 본격적으로 진행되었고, 1944년 가을에서야 원자폭탄이 실제로 제작되기 시작하였다. 1945년 7월 마침내 포신형(Gun Type) 우라늄탄 '리틀보이(Little Boy)'와 내폭형(Implosion Type) 플루토늄탄 '팻맨(Fat Man)'이라는 두 종류의 원자폭탄이 만들어졌다. 포신형은 농축우라늄을 두 조각으로 나누고 한 조각을 다른 한 조각에 발사하면 순간적으로 임계질량이 되어 폭발적인 핵분열 연쇄반응이 일어나도록 고안되었다.

내폭형은 플루토늄을 여러 조각으로 나누고 과일 껍질처럼 둘러싼 고성능폭약의 폭발로 순간적으로 자몽처럼 뭉치게 만들어 임계질량에 도달하도록 만들어졌다. 우라늄과 플루토늄은 매우 밀도가 높은 금속 막인 '반사체(Temper)'로 감싸져 있어 중성자가 이탈하지 못하게 함으로써 더 많은 핵분열이 일어나도록 설계되었다. 플루토늄 원자폭탄은 반드시 핵폭발 실험이 필요하다는 오펜하이머 박사의 강력한 주장에 의해 추진된 세계 최초의 원폭 실험(작전명 'Trinity')은 1945년 7월 16일 새벽 로스앨러모스의 앨라모고도 공군기지 근처의 사막평원에서 실시되었으며, 기대 이상의 성공이었다.

1945년 4월 12일 루스벨트 대통령의 갑작스런 사망으로 33대 대통령으로 취임한 트루먼(Harry S. Truman) 대통령은 병력손실의 감소와 전쟁의 조기 종결을 명분으로 일본에 원자폭탄을 사용하기로 결정하였다. 7월 26일 트루먼 대통령과 처칠 수상은 포츠담 선언을 통해 일본에 무조건 항복을 요구하였다.

같은 날 우라늄 원자폭탄의 포신과 우라늄이 티니언(Tinian) 섬에 도착하였고, 8월 2일 길이 약 3m, 직경 0.7m, 무게 약 4톤의 리틀보이 조립이 완성되었다. 포츠담 선언에 대해 일본은 결사항전을 표명하였고, 마침내 미 공군 509혼성특임단의 20공군부대에 "8월 3일 이후 조준폭격이 가능한 날짜에 원자폭탄을 투하하라"는 명령이 내려졌다.[18]

1945년 8월 6일 아침 폴 티벳츠(Paul W. Tibbets, Jr.) 대령이 조종하는 B-29 폭격기 '에놀라 게이(Enola Gay)'는 티니언(Tinian)섬에서 이륙하여 원자폭탄 '리틀보이(little boy)'를 일본의 공업도시 히로시마에 투하하였다. 정확하게는 현재의 '원폭 돔'에 가까운 시마 병원의 남동쪽 25m지점의 580m 상공에서 폭발하였다.

평균 80% 정도로 농축된 우라늄-235 64kg이 사용되었고, 그중에서 약 1kg만 핵분열반응이 일어난 것으로 추정된다. 1분도 지나지 않아 한순간의 강력한 섬광이 뻗친 후 극심한 열기와 시속 800km의 엄청난 강풍에 사람과 건물들이 모두 바스러졌다. 이후 흰 버섯구름이 지상 1,200m 높이까지 치솟았다. 핵폭발 위력은 약 16kt이었다.

3일 후인 8월 9일 오전 11시경 길이 3.2m, 직경 1.5m, 무게 4.5톤의 플루토늄 원자폭탄 '팻맨(fat man)'이 나가사키에 투하되었다. 정확히는 마츠야마 마을의 교차로 남동쪽 약 80m지점의 503m 상공에서 폭발하였다. 플루토늄-239 약 6kg이 사용되었으며, 그중에서 약 1.1kg이 핵분열반응으로 폭발되었고, 위력은 약 21kt(킬로톤)으로 추정된다. 2차례의 공격으로 약 20만여 명에 달하는 사람들이 현장에서 사망하였다. 히로히토 일왕은 늦은 밤까지 이어지던 긴급회의에서 "이제는 견디기 힘든 것을 견뎌야 할 때가

왔다."며 항복을 결정하였으며, 8월 15일 일본은 무조건 항복을 선언하였다.[19]

그림 1. 리틀보이(좌)와 팻맨(우)

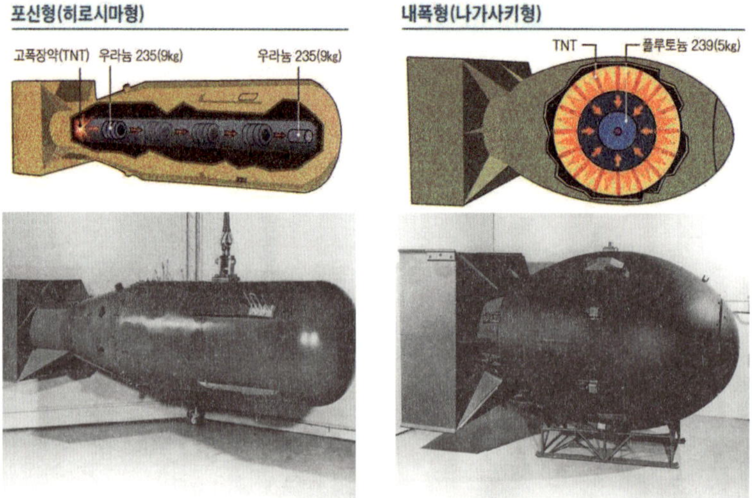

핵무기의 원리(1): 핵분열반응

모든 물질의 기본단위는 원자(atom)이며, 원자는 중심의 원자핵(nucleus)과 음전하를 가진 전자(electron)로 구성되어 있다. 원자핵은 양전하를 가진 양성자와 전하가 없는 중성자로 구성되며, 서로 간의 반발력을 누르고 하나의 핵으로 결합시키는 강한 힘이 작용하고 있다. 양성자와 중성자의 수를 합친 것을 '질량수'라고 하며, 원자의 무게를 결정한다. '원자번호'는 양성자의 수, 전자의 수와 같으며, 원자의 화학적 성질을 정한다. 원자번호가 같은 원자를 '원소'

라고 한다.

같은 원소지만 중성자의 수가 달라 질량수가 다른 원소를 '동위원소(isotope)'라고 한다. 우라늄(Uranium)은 자연 상태에 존재하는 원소 중에서 질량수가 가장 크다. 플루토늄(Plutonium)은 자연 상태에서 미량만 존재하며, 우라늄-238(U-238)이 중성자 한 개를 더 받아 인공적으로 생성될 수 있다. 천연 우라늄은 세 개의 동위원소가 존재한다. 92개의 양성자와 각각 142개, 143개, 146개의 중성자를 가지는 우라늄-234(U-234), 우라늄-235(U-235), 우라늄-238(U-238)이 있다. 이 중에서 약 0.72%를 차지하는 U-235가 중성자와 충돌하여 핵분열을 일으키는 '핵분열물질'이다. U-234는 미량이 존재하며, 대부분은 핵분열이 거의 일어나지 않는 U-238이다.

원자폭탄은 U-235의 비율을 90% 이상, 원자력발전에는 3~5%로 농축하여 사용한다. 원자로를 가동하여 발생하는 사용후핵연료에는 플루토늄-239(Pu-239)가 포함되어 있으며, 재처리를 통해 Pu-239를 추출한다. Pu-239의 함유율이 90% 이상인 것을 무기급 플루토늄(Weapon-grade Plutonium, WgPu)이라고 한다. 보통의 원자력발전소에서 핵연료를 빨리 꺼내면 무기급 플루토늄을 얻을 수 있지만, 일반적인 경수로에서 추출되는 Pu-239의 함유율은 60% 정도이다. U-235와 Pu-239와 같은 핵분열물질의 원자핵이 중성자와 충돌하면 핵분열이 일어난다.

1g의 U-235가 핵분열이 일어나면 약 1천분의 1의 질량이 적어

지는 '질량결손'이 일어나며, 적어진 질량은 에너지로 전환된다. 에너지로 전환되는 질량은 매우 적지만 에너지는 약 200억 칼로리가 되며, 석유에 비해 약 230만 배이다. 이처럼 핵분열로 원자핵을 구성하는 양성자와 중성자의 결합이 끊어지기 때문에 막대한 에너지가 발생한다. 또한 U-235와 Pu-239가 핵분열이 일어나면 2~3개의 중성자가 방출되는데, 이 중성자가 다른 원자핵에 충돌하여 연쇄적으로 핵분열을 일으키게 만든다.

이러한 현상을 '핵분열연쇄반응'이라고 하며, 이러한 현상이 일정한 비율로 지속되는 상태를 '임계'라고 한다. 임계에 필요한 핵분열물질의 최소질량을 '임계질량'이라고 한다. 임계질량은 핵분열물질의 종류, 농도, 형태, 반사체 등에 따라 달라진다. 핵분열연쇄반응을 이용한 핵무기가 원자폭탄이다.[20]

그림 2. 우라늄-235의 핵분열반응

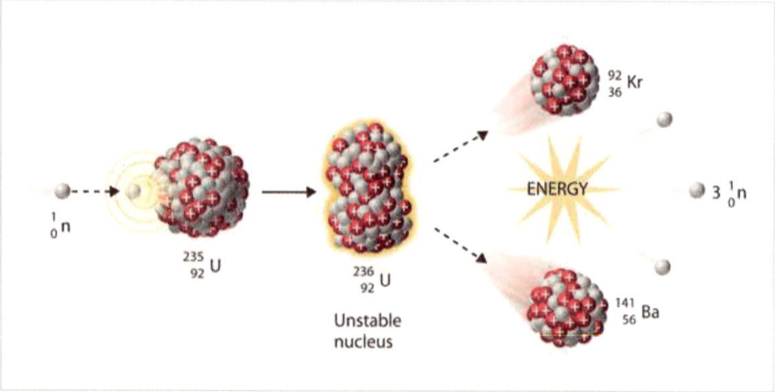

핵무기의 원리(2): 핵융합반응

수소(H), 리튬(Li)과 같이 가벼운 두 원자핵을 충돌시켜 융합하여 무거운 하나의 원자핵으로 융합하는 반응을 '핵융합반응(nuclear fusion reaction)'이라고 한다. 핵융합반응은 원자핵이 서로 강하게 반발하는 힘을 극복할 수 있을 정도의 에너지, 즉 1억℃ 이상의 고열이 필요하므로 '열핵반응'이라고도 한다. 중수소(D)와 삼중수소(T)가 융합하여 헬륨(He)을 생성하는 DT 핵융합반응이 대표적이다.

핵융합반응을 이용한 핵무기에는 부스터 원자폭탄, 수소폭탄, 중성자탄 등이 있다. 핵분열연쇄반응으로 발생한 X선의 강한 열과 고폭약의 압력으로 혼합가스의 핵융합반응이 일어난다. 이 때 고속중성자가 다량 방출되어 남은 플루토늄(Pu)의 핵분열연쇄반응을 일으키는 것이 부스터 원자폭탄이다.

농축우라늄이나 플루토늄의 양을 줄일 수 있어 원자폭탄의 소형화, 경량화가 가능해졌다. 부스터 원자폭탄은 수소폭탄의 기폭제로 사용된다. 이처럼 수소폭탄은 핵분열(fission)-핵융합(fusion)-핵분열반응(nuclear fission reaction)을 이용하므로 '3F폭탄'이라고도 부른다.

수소폭탄의 위력은 메가톤(Mt) 급이며, 세부 구조는 알려져 있지 않다. 중성자탄(ER; Enhanced Radiation Weapon, 중성자선강화폭탄)은 투과력이 높은 중성자선의 발생을 극대화한 소형 수소폭탄이다. 중성자탄은 핵분열반응의 비율을 극도로 줄여 열폭풍 효과를 낮추고 핵융합반응으로 발생하는 중성자선을 이용하여 인명을 선택적으로 살상

하는 무기이다.[21]

그림 4. 중수소-삼중수소의 핵융합 반응

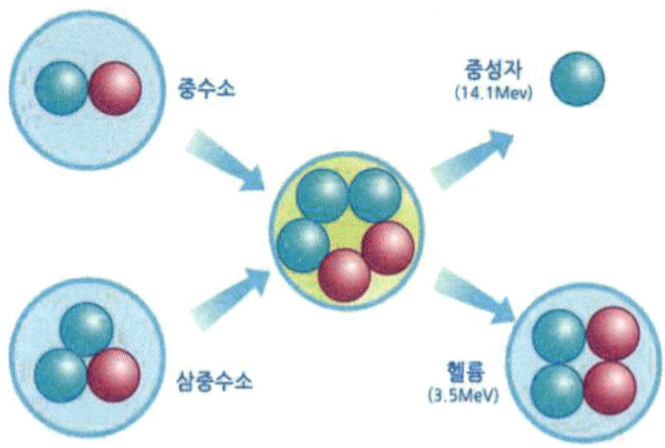

출처 : "핵융합 소재 기술(1)-제4장 에너지 효율화·경량화소재기술-신소재 경제신문·재료연구소 공동기획 소재기술백서 2016(38)", 〈그림 3-4-3-3〉 핵융합 원리, 신소재경제, 2018.7.26. (http://www.amenews.kr/news/view.php?idx=37130#)

핵무기의 폭발과정과 살상 및 파괴 효과

핵폭탄을 공중에서 폭발시켰을 경우 시간이 지나면서 나타나는 폭발과정을 크게 4단계로 구분할 수 있다.

① 핵폭탄이 공중에서 폭발하면 시력을 상실하게 만드는 청백색 섬광과 자외선 발생한다. 그리고 주위의 공기 온도가 10^7℃에 달하며, 공 모양의 화구(fireball)가 형성된다. 이 화구는 빛의 속도로 복사열을 방사하며, 화구 바깥으로 팽창하면서 폭풍과 충격파를 발생시킨다. 이 충격파를 입사파(incident wave)라고 하며, 형태는 화구처럼 공(sphere) 모양이다.

② 고온 · 고압의 화구로부터 팽창된 입사파 일부가 지면에 충돌하

여 다시 반사된다. 이때 발생하는 충격파를 반사파(reflection wave)라고 한다. 반사파는 지면보다 밀도가 낮은 공기 중에서 전파하는 입사파보다 전파속도가 빠르다. 그 결과 어느 정도 시간이 지나면 입사파와 반사파가 중첩되어 입사파보다 약 2배 더 강력한 충격파가 발생하는데, 이 충격파는 입사파와 반사파의 곡률반경이 커서 거의 지면과 수직으로 충격파가 발생하기 때문에 수직충격파(vertical shock-wave) 또는 마하파(Mach wave)라고 부른다. 수직충격파는 폭발지점으로부터 수평 방향으로 전파되는데, 이때 입사파, 반사파와 수직충격파가 교차하는 지점을 삼중점이라 하며, 시간이 지나면서 삼중점의 높이는 급격히 상승한다.

③ 화구에서 발생한 폭풍파에 의한 과압은 약 1,100km/h의 속도로 팽창하면서 주위에 있는 시설 등을 파괴시킨다. 그 후 폭풍파가 주위의 압력에 의해 더 팽창하지 못하게 되는 순간 화구는 진공상태에 도달하게 된다. 그 결과 오히려 주위 공기보다 화구의 압력이 낮아져서 주위에 있던 공기가 화구를 향해 빨려 들어가게 된다. 이와 동시에 주위 공기에 비해 화구의 밀도가 매우 낮기 때문에 부력이 발생하여 화구가 상승하게 된다.

④ 만일 화구가 지면에 접촉하였다면 화구에 먼지나 작은 물체 등이 빨려 들어가면서 화구가 상승하게 된다. 그 결과 버섯구름이 발생한다. 이 버섯구름에 포함된 먼지 등은 방사능[22]에 오염된 물질이며, 무거운 물체부터 지면에 낙하한다. 방사능에 오염된 낙하물체를 낙진이라고 하며, 상당히 오랜 기간에 걸쳐 생명체에

방사능 피해를 준다.[23]

핵무기가 공중에서 폭발할 때에는 대기권과 초기 핵방사선의 상호작용(콤프턴 효과, Compton effect)으로 핵전자기파(NEMP, Nuclear Electromagnetic Pulse) 현상을 일으킨다. 핵전자기파는 직접 인명을 살상하지는 않지만, 전자기기와 통신장비에 심각한 피해를 준다. 대기권 외부와 같이 고공에서 메가톤(Mt)급의 핵무기가 폭발하면 EMP 효과는 수천 평방 마일의 지역에 영향을 주며, 저공 폭발 시에는 비교적 제한된 지역에 EMP 효과가 나타난다.[24]

그림 5. 핵폭발 과정

출처 : 다양한 출처의 creative commons license image를 편집

핵무기의 확산: 핵무기보유국의 증가

오토 한은 자신의 실험이 갖는 군사적 중요성을 뒤늦게 깨닫고 독일 정부에 핵무기 개발에 나설 것을 권고하였다. 독일은 하이젠베르크(Werner Heisenberg)를 중심으로 한 다수의 물리학자들을 시켜 핵무기의 개발을 강력하게 추진하였으나 결국 실패하였다.[25] 미국과 영국은 독일이 핵무기를 개발하지 못하도록 1943년 2월 27일 암호명 '거너사이드(Gunnerside)' 작전을 통해 노르웨이의 베모르크(Vermork) 중수(Heavy Water, D_2O) 공장[26]을 파괴하였다.

또한 독일이 신속하게 재건한 베모르크 중수공장을 11월 16일 대규모 공중 폭격하였으며, 다음 해인 1944년 2월 20일에는 암호명 '페리(Perry)' 작전을 수행하여 베모르크에서 생산한 대부분의 중수를 독일로 수송하기 위해 약 40개의 중수 통을 실은 페리호 '히드로(Hydro)'를 폭파시켜 틴(Tinn) 호수의 가장 깊은 곳에 수장시켰다. 제2차 세계대전 이후에 이러한 일련의 특수작전이 독일의 핵무기 개발 연구에 치명타를 입힌 것으로 밝혀졌다.[27]

소련 물리학자 이고르 쿠르차토프(Igor Kurtchatov)도 한의 논문을 읽고 스탈린에게 핵무기의 개발을 직접 권고하였으며, 1942년부터 스탈린의 명령으로 핵무기 개발을 착수하였다. 소련은 이미 미국의 원자폭탄 개발이 상당히 진척했음을 알고 있었기 때문에 핵물리학자들을 중심으로 원자폭탄 제조기술을 개발함과 동시에 스파이를 활용하여 미국의 원자폭탄 제조기술을 입수하였다. 영국에서 파견되어 맨해튼 프로젝트에 참여한 클라우스 푹스(Klaus Fuchs)가 대표적인 인물이다. 1945년 8월 일본에 원자폭탄이 실제로 투하된 이후 KGB 수장인 라브렌티 베리야(Laventi Beria)가 직접 소련의 핵무기 개발을 지휘하게 되었다. 그 결과 소련도 1949년 8월 29일 플루토늄 원자폭탄 실험에 성공하였다.[28]

영국 정부는 한의 논문이 발표되기 전에 정보기관이 입수한 논문 복사본을 물리학자들에게 회람시켰고, 그들은 핵무기 개발에 즉시 착수할 것을 건의하였다. 영국의 핵무기 개발 프로젝트(암호명 'Tube Alloys')는 덴마크에서 망명한 오토 프리쉬(Otto von Frisch)와 이탈리아에서 망명한 루돌프 파이얼스(Rudolf Peierls)가 주도하였다. 영국은 미국보다 앞서 원자폭탄 개발을 시도하였으나, 막대한 비용 때문에 독자적인 개발을 포기하고 미국의 원자폭탄 개발을 지원하는 것으로 방향을 바꾸었다. 그러나 제2차 세계대전 이후 강대국의 지위를 유지하기 위해 독자적으로 핵무기 개발을 추진하여 1952년 원자폭탄 실험과 1957년 수소폭탄 실험에 성공하여 세 번째 핵보유국이 되었다.

프랑스도 미국의 반대를 무릅쓰고 핵무기 개발을 추진했다. 1960년 첫 원자폭탄 실험에 성공하였고, 1968년에 수소폭탄 실험에도 성공하였다.

중국은 미국과 소련을 상대로 하는 억제 전략의 핵심 무기로 핵무기를 개발하였다. 1964년 원자폭탄 실험과 1967년 수소폭탄 실험에 성공하였다.

현재까지도 핵확산금지조약(NPT)에 가입하지 않고 있는 인도는

1974년 핵실험에 성공하였으며, 이는 파키스탄의 핵무기 개발을 자극하였으며, 파키스탄은 1998년에 핵실험에 성공하였다. 이스라엘은 핵무기의 보유를 시인하지도 부인하지도 않는 핵 불투명성 정책을 고수하고 있으나, 스웨덴 소재의 스톡홀름 국제평화연구소(SIPRI, Stockholm International Peace Research Institute)는 이스라엘이 핵무기를 보유하고 있는 것으로 평가하고 있다.

북한은 파키스탄과의 핵-미사일 거래를 통해 핵무기 개발을 본격적으로 시작하였다. 1993년과 2003년에 핵확산금지조약(NPT)을 탈

그림 6. 북한 핵실험 현황

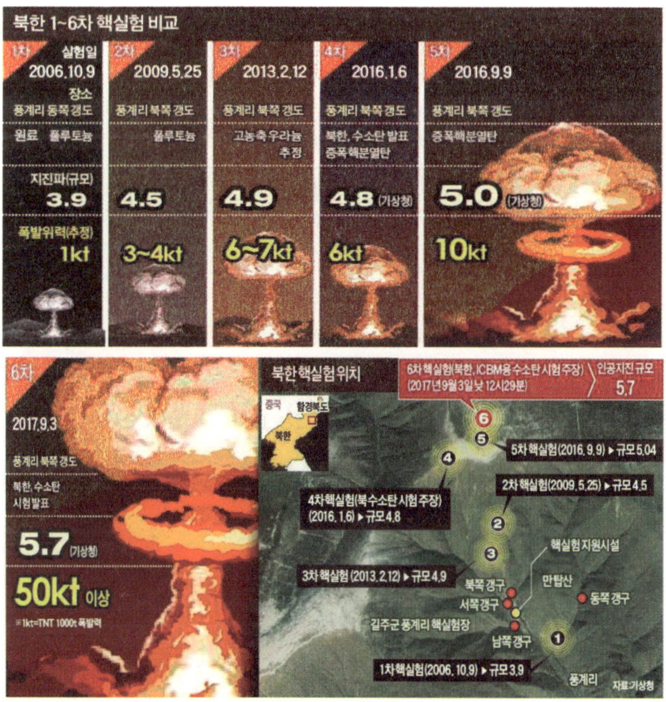

출처 : "북한 6차 핵실험 폭발력 '역대 최강'… 히로시마 원폭의 3~4배 수준", 한경, 2017.9.4.(데이터 출처: 기상청)

퇴한 이후 2005년에 핵무기 보유를 공식 선언하였으며, 2006~2017년 동안 총 6회의 지하 핵실험을 감행하였다.

독일과 일본은 필요한 경우 단기간 내에 핵무기를 제조할 수 있는 능력을 보유하고 있는 것으로 평가되고 있다.[29]

수소폭탄(열핵폭탄)의 개발: 핵무기 위력(yield)의 증가

1938년 헝가리 출신 물리학자인 한스 베테(Hans Bethe)는 원자번호가 작은 원소들의 원자핵이 융합하는 과정에서 엄청난 에너지를 만들어 낼 수 있다는 핵융합 이론을 제기하였다. 1946년 4월 로스앨러모스(Los Alamos)에서 수소폭탄 개발 가능성에 대한 학술회의가 개최되었으며, 1949년 소련이 핵실험에 성공하자 미국은 원자폭탄을 능가하는 수소폭탄 개발에 박차를 가하였다.

1950년 트루먼 대통령은 수소폭탄 개발계획을 승인하였다. 미국의 수소폭탄 개발은 헝가리에서 망명하여 맨해튼 프로젝트에 참여하였던 유대인 물리학자 에드워드 텔러(Edward Teller)가 주도하였다. 그는 폴란드에서 망명한 수학자 스타니슬라브 울람(Stanislaw Ulam)과 함께 첫 번째 형태의 수소폭탄을 설계하였다.

1952년 9월 첫 번째 수소폭탄이 제조되었으며, 11월 1일 오전 7시 15분에 시행된 최초의 성공적인 수소폭탄 실험(작전명 'Ivy Mike')은 에니위탁 환초(Enewetak Atoll)[30]의 엘루젤랍(Elugelab) 섬에서 실행되었다. 직경 5km의 화구를 형성한 10.4Mt(메가톤)의 핵무기 위력은 나가사키에 투하된 팻맨의 450배에 달하는 것이었다. 이

폭발로 엘루젤랍 섬은 지구상에서 사라졌으며, 깊이 50m 폭 1.9km 크기의 수중 분화구만 남게 되었다.

그림 7. 차르 봄바(좌)와 폭발 모습(우)

출처 : https://commons.wikimedia.org/wiki/File/Tsar_Bomba.png

운반이 가능한 핵융합폭탄의 첫 번째 실험은 1954년 3월 1일 비키니 환초(Bikini Atoll)에서 실행되었으며, 위력은 15Mt이었다. 핵실험이 이루어진 환초들은 방사능으로 심하게 오염되었으며, 1980년 무렵이 되어서야 일부 주민의 귀환이 허가되었다.[31]

소련은 1955년 11월 22일 카자흐스탄 핵실험장에서 첫 번째 수소폭탄 실험을 실행하였다. 1961년 10월 30일에 실험한 차르 봄바(Tsar Bomba, 황제 폭탄, RDS-220)는 인류 역사상 가장 거대한 폭발을 일으킨 수소폭탄으로 위력은 57Mt이었다. 엄청난 충격파로 인해 1,000km 떨어진 핀란드 지역의 건물 유리창이 깨졌을 정도였으며, 버섯구름은 에베레스트 정상 높이의 7배인 64km 상공까지 치솟았고, 폭은 40km에 달했다고 한다.[32]

수소폭탄은 원자폭탄과 달리 임계질량의 제한을 받지 않는다. 원자폭탄은 어느 순간 임계질량보다 작아지면서 핵분열이 중단된다. 이 때문에 원자폭탄의 위력은 1Mt을 넘는 것이 제한된다. 하지만 수소폭탄은 원자폭탄의 폭발로 열핵반응을 유지할 수만 있으면, 핵물질을 모두 연소할 때까지 폭발할 수 있으므로 수소폭탄의 위력은 물리적 한계가 없다.[33]

그림 8. 수소폭탄의 구조와 폭발과정

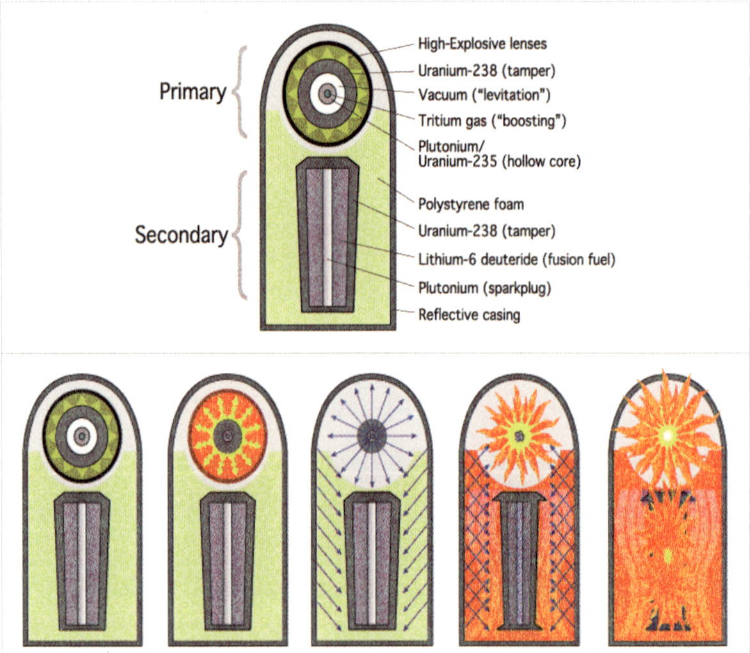

출처 : https://commons.wikimedia.org/wiki/File:Teller-Ulam_device.png

세계의 핵실험

핵무기가 실전에 사용된 것은 단 두 번뿐이지만, 핵실험은 1945년부터 현재까지 총 2,058번이나 있었다. 최초 핵실험 이후 약 20년 동안은 대부분의 핵실험이 지상에서 실행되어 엄청난 방사성 물질이 노출되었다. 핵실험은 1960년대에 가장 많이 실행되었는데, 특히 1962년에는 178번의 핵실험이 있었다.

이후 1963년 「부분핵실험금지조약」(PTBT)으로 지상, 해상 및 우주에서의 핵실험이 금지되었고, 전체적인 핵실험 횟수는 점차 감소하였으나 지하에서의 핵실험은 계속되었다. 1974년에는 지하 핵실험의 위력을 150kt으로 제한하는 「지하핵실험금지조약」(TTBT)이 체결되었다.

세계 핵실험의 절반은 미국에 의해 실행되었는데, 미국은 1945~1992년 동안 1,032회의 핵실험을 실행하였다. 나머지 핵보유국인 소련은 1949~1990년 동안 715회, 영국은 1952~1991년 동안 45회, 프랑스는 1960~1996년 동안 210회, 중국은 1964~ 1996년 동안 45회를 실행하였다. 잠정 핵보유국인 인도는 1974년과 1998년에 3회, 파키스탄은 1998년에 2회의 핵실험을 감행하였다.

1996년 중국과 프랑스의 마지막 핵실험 이후 모든 종류의 핵실험을 금지하는 「포괄핵실험금지조약」(CTBT)이 체결되었으나, 북한은 가장 최근인 2006~2017년 동안 6회의 지하 핵실험을 강행하였다.[34]

표 5. 세계 핵실험 현황(1945~2021년)

총계	미국	구소련	영국	프랑스	중국	인도	파키스탄	북한
2,058	1,032	715	45	210	45	3	2	6

출처 : 상세한 핵실험 현황은 CTBTO 홈페이지 https://www.ctbto.org/nuclear-testing/history-of-nuclear-testing를 참조

핵 엔진(Nuclear Engine)

1946년 미 해군은 리코버(Rickover) 대령 등 네 명의 장교를 테네시 주 오크리지(Oak Ridge) 국립원자력연구소에 파견하여 핵분열 연쇄반응으로 발생하는 에너지를 대형 함정을 움직이는 동력원(엔진)으로 사용할 수 있는지를 검토하였다. 이들은 페르미 교수가 만든 연구용원자로(흑연감소로)인 시카고파일 1호(CP-1, Chicago Pile No. 1)와 같은 원자로가 대형 함정을 움직일 수 있다고 결론지었으며, 1948년 원자력위원회는 잠수함용 원자로 'STR(Submarine Thermal Reactor)' 개발을 결정하였다. 1952년 6월 제너럴다이내믹스(GD)는 이 원자로를 탑재할 잠수함 제작 사업을 시작하였다. 1953년 연구용원자로인 STR Mark-Ⅰ이 완성되었고, 실제 잠수함에 탑재할 STR Mark-Ⅱ(가압경수로) 제작에 착수하였다. STR은 30% 농축 우라늄-235를 핵연료로 사용하여 잠수함 수명(보통 30년) 기간 내에는 핵연료를 교체하지 않는다. 더욱이 원자로는 산소 없이 가동이 가능할 뿐만 아니라 생산한 에너지(전기)를 이용해 물을 전기분해하면 산소를 만들 수 있어 수면으로 부상할 필요가 없었다. 마침내 1954년 1월 미 해군은 코네티컷(Connecticut)주 그로턴(Groton)에서 세계 최초의 핵추진 잠수함 '노틸러스함(Nautilus)'[35] SSN-571호를 진수하였고, 1955년 1월 17일 첫 잠항에 성공하였다. 이 잠수함은 1958년 7월 23일 하와이 진주만에서 출항하여 북극점을 통과, 그린란드 앞바다까지 96시간 동안 1,830해리를 19.5노트의 속도로 잠항하여 최초로 북극해를 관통하는 잠항에 성공하였다.[36]

중성자탄(Neutron Bomb)

중성자탄은 방사능강화폭탄(enhanced radiation bomb, ER)으로도 부른다. 핵융합으로 생성된 고속중성자를 외부로 폭발적으로 방출시키도록 설계된 소형 열핵폭탄이다. 즉, 중성자탄은 열과 폭풍에 의한 파괴 효과를 최대한 줄이고 고속중성자의 방사능 에너지를 이용한 살상 효과를 극대화한 무기이다. 일반적으로 중성자탄은 중수소화리튬(LiD)보다는 중수소(D)와 삼중수소(T)를 사용하여 고속중성자의 방출을 극대화한다. 중성자탄의 열 및 폭풍에 의한 파괴 효과는 보통 핵분열탄의 10% 정도이다. 폭발 고도를 잘 조절하면 지상에 전혀 열 및 폭풍에 의한 피해가 없도록 조절할 수 있다. 즉 건물에 피해를 주지 않고 오로지 방사능으로 사상자를 유발시킬 수 있다.[37]

방사능 무기

방사능 무기(Radiological Weapons)는 방사성물질을 살포하거나 폭약을 이용하여 방사성물질을 확산시켜 사람을 살상하고, 장비 및 물자, 시설, 지역 등을 폭넓게 오염시키는 무기를 말한다. 핵무기보다는 효과가 떨어지지만, 방사능오염에 의한 경제활동 중단, 일반인의 심리적 공포감 유발로 사회 혼란을 조성할 수 있다. 이 때문에 방사능 무기는 대량살상무기보다는 대혼란무기(Weapons of Mass Disruption)로 불린다.

방사능 무기에는 방사능살포장치(Radiological Dispersion Device, RDD), 방사능노출장치(Radiological Exposure Device, RED), 급조핵장치(Improvised Nuclear Device, IND) 등이 있지만, 실제로 사용된 사례는 없다. 방사능살포장치(RDD)는 '더티밤(dirty bomb)'이라고도 부르며, 방사능 오염물질을 살포하여 인명에 피해를 주거나 오염지역을 형성하는 장치를 말한다.

더티밤 제조에 사용할 수 있는 방사능 동위원소로는 아메리슘(Americium, Am) 241, 캘리포늄(Californium, Cf) 252, 세슘(Cesium, Cs) 137, 코발트(Cobalt, Co) 60, 이리듐(Iridium, Ir) 192, 폴로늄(Polonium, Po) 210, 라듐(Radium, Ra) 226, 스트론튬(Strontium, Sr) 90 등이 있다.[38]

제2절 핵무기의 확산 통제

3년이라는 짧은 기간에 오로지 전쟁을 위해 과학적이고 기술·자본 집약적으로 생산된 무기체계의 사례가 '원자폭탄'이다. 이렇게 대량살상과 대규모 파괴가 가능한 원자폭탄의 위협은 강대국들이 앞다투어 원자폭탄을 만들게 하였을 뿐만 아니라 원자폭탄보다 훨씬 큰 파괴력을 가진 '수소폭탄'을 개발하도록 만들었다.

핵무기의 파괴력보다 더 큰 공포를 주는 것은 '방사능 낙진'이다. 1945년 3월 1일 미국이 태평양의 마셜제도에서 실시한 수소폭탄 실험으로 생긴 방사능 낙진은 75마일 떨어진 곳에서 어업을 하던 일본 선원들을 덮쳤다. 이들은 심각한 방사능 질병에 걸렸고, 결국 6개월 후에 한 명이 사망했다.

그림 9. 일본 나가사키 원자폭탄 투하 당시의 모습

출처 : "외신이 공개한 75년전 日 원폭 투하 당시 사진"(AP 연합뉴스), 서울신문, 2020.8.8.

미국은 핵폭발의 직접적인 파괴 효과보다 훨씬 더 큰 잠재적 살상 효과를 불러오는 낙진에 관한 자료를 공개했다. 핵폭발의 위력이 클수록 낙진으로 오염되는 지상의 면적도 커지지만, 방사성 물질 일부는 상층 대기권으로 올라가 전 세계로 퍼져 수년 동안 땅에 떨어진다. 방사성 물질의 상당량은 아주 오랫동안 남아 유전적으로 나쁜 영향을 후세대에 남기게 된다.[39]

핵무기의 억제력

스톡홀름 국제평화연구소[40]의 「SIPRI 연감(Yearbook) 2021」에 의하면 2021년 기준 세계 각국이 보유하고 있는 핵무기 보유량은 미국 5,550개, 러시아 6,255개 등 약 13,080개로 추산하고 있다.[41] 미국이 실전 배치한 핵무기 중에서 가장 위력이 강한 것은 폭격기 투하용 수소폭탄인 B-83으로 위력은 1.2Mt이다. 현재까지 핵무기에 대한 효과적인 방어수단이 없다는 점에서 핵무기의 유일한 방어수단은 같은 핵무기일 수밖에 없었다.

미사일방어체계는 기술적, 전략적 한계점으로 인해 핵무기에 대한 결정적 방어수단이 될 수 없다. 핵무기가 전쟁 자체를 아예 없애거나 전쟁의 양상을 완전히 바꾸어 놓을 것도 아니다. 하지만 핵공격 의지를 사전에 약화하여 전쟁 가능성을 차단하는 '억제(deterrence)' 효과는 있다고 볼 수도 있다.[42]

핵무기의 억제력은 핵무기의 가공할 파괴 효과에 기인한다. 핵무기의 타격 능력에는 두 가지가 있다. '제1타격력(first strike capability)'

은 핵 선제공격을 통해 상대의 핵 보복공격 가능성을 완전히 없앨 수 있는 능력을 말한다. '제2타격력(second strike capability)'은 상대의 핵 선제공격을 막을 수 있는 보복능력이다.

'핵 억제(nuclear deterrence)' 개념은 바로 제2타격력, 즉 '핵 잔존능력'에 바탕을 두고 있다. 따라서 핵무기의 억제력은 '인질(hostage)' 개념에 의한 '상호확증파괴(MAD; Mutually Assured Destruction)'에 의해 강화될 수 있다. '상호확증파괴(MAD)'는 핵 공격의 상호 취약성에 의해 핵 군비경쟁의 안정성이 달성될 수 있다는 전략이자 이론이다.[43] 즉, 핵무기 방어체계를 상호 구축하지 않거나 제한함으로써 핵무기 선제공격 의사가 없음을 알리고 이를 통해 핵전쟁을 억제할 수 있다는 것이다.

대표적인 사례는 냉전 시대인 1972년 5월 26일 미·소 간에 체결한 ABM(Anti Ballistic Missile) 조약이다. 상대보다 무기의 수와 질이 앞서야 억제력을 갖추는 재래식무기와 달리 핵무기는 수와 질적 능력이 적정 수준 이상이면 억제력을 가지게 된다. 이것이 바로 '최소억제(minimal deterrence)' 개념이며, 국가들이 핵무기를 보유하고자 하는 궁극적인 이유이다.

적정 수준의 핵무기는 아무리 많은 수의 질적 능력이 뛰어난 핵무기를 보유한 강대국이라 할지라도 '감당할 수 없는 손실(unacceptable damage)', 즉 감내하기 어려운 피해를 유발할 수 있기 때문이다.[44]

원자폭탄에 관한 신화와 진실

1945년 5월 7일 독일은 무조건 항복을 선언하였으나, 일본은 '일억옥쇄', 즉 모든 일본인이 죽을 때까지 항전하겠다며 무조건 항복을 거부하였다. 1944년 7월 사이판 전투에서 일본군 제43사단 병력 41,000여 명이 전사했고, 25,000여 명의 일본인 주민 중에서 약 1만 명이 죽음을 선택했다. 1945년 2월 19일부터 35일 동안 계속된 이오지마섬 전투에서 포로로 잡힌 일본군 216명을 제외하고 약 2만 명이 전사하였으며, 미군은 6,000여 명의 사망자를 포함 28,000여 명의 사상자가 발생하였다.

또한 4월 1일에 시작하여 83일 동안 계속된 태평양 최대의 전투인 오키나와 전투로 일본군 77,000여 명과 미군 12,000여 명이 전사하였고, 오키나와 주민의 3분의 1인 15만 명이 사망하였다. 6월까지 미군은 약 15만 명의 사상자가 발생하였고, 일본 본토에는 200만 명의 일본군이 주둔하고 있었다. 일본군은 끝까지 결사 항전을 표명하였으므로 일본 본토에 대한 공격으로 미군의 사상자는 최대 100만 명에 이를 것으로 예측되었다. 트루먼 대통령은 미군의 사상자를 최소화하기 위해 결국 일본 본토에 대한 원자폭탄의 사용을 승인하였다. 8월 6일 히로시마, 9일 나가사키에 원자폭탄이 투하되어 최소 15만여 명이 사망하였으며, 15일 히로히토 일왕은 '새롭고 잔인한 폭탄'의 위력을 언급하며 무조건 항복을 발표하였다.[45]

제2차 세계대전 동안 미국의 전쟁장관을 역임했던 스팀슨(Henry L. Stimson)은 1947년 2월 신문 기고를 통해 핵무기를 '심리적 무기(psychological weapons)'로 부르면서 핵무기는 막대한 파괴력뿐만 아니라 엄청난 심리적 충격을 주어 항복을 이끌어 낼 수 있는 능력이 있다고 주장하였다. 이는 핵무기가 가공할만한 물리적 위력뿐만 아니라 공포를 불러일으키는 심리적 위력을 가진 무기라는 사고를 형성하는 기초가 되었다.[46] 그러나 미국의 핵무기 공격만으로 일본이 항복하지는 않았을 것이라는 주장도 있다.

1945년 7월까지 일본의 히로시마와 나가사키를 제외하고 66개 도시가 미국의 재래식 공중폭격으로 이미 막대한 피해를 입고 있었다. 실제로 핵무기 공격을 받은 도시와 공중폭격을 맞은 도시의 피해는 방사능 피해를 제외하고는 외관상 큰 차이가 없었다. 일본의 전통가옥 대부분이 화재에 취약한 목조건물이기 때문이다. 또한, 일본 전쟁지도부의 항복 숙의 과정에서 핵무기 공격에 의한 도시의 피해는 소련의 전쟁 개입 선포에 비해 크게 고려되지 않았다.

일본의 전쟁지도부는 소련이 만주를 공격했다는 보고를 받고 계엄령 선포를 준비했고, 소련이 일본에 대해 선전포고했다는 사실이 전해지자 항복을 논의하기 위해 긴급회의를 열었다. 당시 일본 전쟁지도부는 전쟁에서 승리할 수 없다는 것을 명백히 알고 있었기 때문에 그들의 전략적 관심은 가장 유리한 조건에서 전쟁을 종결하는 것이었다. 1941년 4월 일본과 소련은 5년간의 중립조약에 서명했으므로 유사시 소련에 중재를 요청하는 외교적 방법이 남아있었다. 그러나 소련의 선전포고와 만주 공격으로 일본의 유일한 전략적 선택지가 사라졌다. 일본의 무조건 항복에 결정적인 영향을 미친 요인은 원자폭탄뿐만 아니라 소련의 전쟁 개입이었을 개연성이 크다.[47]

핵무기 경쟁

미국과 러시아를 필두로 하는 핵보유국의 핵무기 경쟁은 '20달러 경매의 딜레마'와 유사하다. 1달러 단위로 높여 부를 수 있는 경매 방식으로 20달러 지폐 1장을 누구든지 가져갈 수 있게 하는 것이다. 당연히 가장 높은 입찰가를 부르는 사람이 낙찰자가 되어 자신이 부른 입찰가만큼 돈을 내고 20달러 지폐를 가져가면 된다. 단, 일반 경매와 다른 점은 낙찰자 다음으로 높은 입찰가를 부른 사람 1명은 자신이 부른 입찰가만큼 돈을 내놓아야 한다는 것이다. 당연히 차점자가 가장 큰 손해를 보는 경매 방식이다. 경매가 시작되면 입찰은 12~16달러까지는 매우 빠르게 진행되지만, 이 지점을 지나면 결국 상위 입찰자 2명만 남게 되고 이들은 이미 함정에 빠진 것이다. 2명 모두 손실을 보지 않기 위해 입찰가를 계속 높여 부르게 되고, 곧 입찰가는 20달러에 이르게 된다. 이성적으로 보면 이쯤에서 2명 중에서 누구든지 1명은 손실을 인정하고 더 큰 손실을 보지 않기 위해서 입찰을 포기해야 한다. 그러나 그동안 투자한 돈과 시간, 자신이 멍청하게도 함정에 빠졌다는 듯이 쳐다보는 주변의 시선들 때문에 경매에 집착하게 되고 누구도 섣불리 중단하지 못하고 더 높은 입찰가를 부르게 되고 손실은 더 커지게 된다. 실제로 최고 204달러에 이른 적도 있다고 한다. 이처럼 손실 기피와 집착이라는 심리가 결합하면 근거 없는 낙관론이 생긴다. 이미 눈앞에 손실이 보이는데도 불구하고 희망을 품는다.[48]

핵무기에 관해 엇갈린 주장들

냉전이 종식된 1991년을 기점으로 통상 두 개의 핵시대로 구분한다. 제1차 핵시대는 미소 간의 핵무기 군비경쟁이 격화되었던 1945~1991년 사이의 시기이다. 이 시기는 미소 강대국 간의 양자체제에 지배되었고, 5개 핵보유국(P5; 미국, 소련, 영국, 프랑스, 중국)만 핵무기를 보유하고 있어 강대국 간의 대규모 충돌이 발생할 가능성이 거의 없었다.

그러나 구소련 해체 이후의 제2차 핵시대에는 NPT 공식 핵보유국 이외에 더 많은 핵보유국이 등장하였으며, 지역분쟁이나 비국가단체에 의한 핵 사용 위협이 확산되었다.[49] 핵무기에 대한 '두려움(위험성)'과 '필요성(유용성)'은 대규모의 전쟁을 예방한다는 주장을 뒷받침하기도 하지만, 핵무기의 수직적·수평적 확산을 초래할 수밖에 없고 궁극적으로 핵무기 사용 위협이 증가하여 세계안보에 악영향을 미친다는 비판을 받는 딜레마에 빠지게 하였다.[50]

핵무기의 딜레마로 인한 상반된 주장은 상당히 오랫동안 논의되고 있다. 전자와 같은 핵무기 옹호론자(또는 낙관주의자)는 핵무기의 막대한 파괴력이 더 큰 인명의 살상을 유발하는 대규모 전쟁을 방지한다고 주장한다. 이처럼 핵무기의 유용성은 '억제 이론(deterrence theory)'에 기초하고 있으며, 핵무기는 억제 이론의 상징이 되었다. 핵무기가 등장한 이후 강대국 간의 과격한 행동은 억제되었고, 제3차 세계대전과 같은 대규모 전쟁은 발생하지 않았다.

실제로 1901~1950년 동안의 전사자는 약 1억 명이었으나 1951~2000년 동안의 전사자는 5분의 1인 2천만 명 정도였다. 이를 근거로 핵무기 옹호론자들은 핵무기를 완전히 없애기보다는 핵무기의 확산을 적절히 억제하는 것이 평화 유지에 도움이 된다고 주장한다.[51] 역사가 존 개디스(John L. Gaddis)는 1986년 『국제안보』 학술지에 실은 "장기간 평화(The Long Peace)"라는 제목의 논문에서 핵무기가 지난 40년 동안 전쟁을 방지하고 평화를 유지했다고 결론을 지었다. 그는 전쟁으로 이어질 수 있는 국제정치 또는 경제적 요인이 있었으나, 핵무기의 억제 효과로 인해 실제 전쟁으로는 가지 않았다고 주장했다.

그러나 이러한 주장의 결정적인 문제점은 '부재에 의한 증명'이라는 점이다.[52] 부재에 의한 증명은 하나의 원인 외에는 가능한 다른 원인이 없는 경우에만 사실로 받아들여지므로, 일반적으로 하나의 요인만이 원인인지를 밝히기 어려워 신뢰성이 떨어진다. 따라서 부재에 의한 증명은 더 가능성 있는 원인이나 더 나은 증거가 없는 경우에만 사용하는 최후의 증명 방법이다.[53]

핵무기 반대론자나 비관주의자는 제1핵시대에 핵무기의 억제력이 세계평화를 유지하는 데 도움이 되었다는 '필요성(유용성)'이 이처럼 과도하게 부풀려졌다고 비판한다. 그러면서 핵무기의 수평적 확산은 궁극적으로 핵무기의 사용 가능성을 높이기 때문에 인류공영에 위협이 될 수밖에 없다고 주장한다. 핵무기 사용 가능성은 핵 테러리즘과 불법적인 핵확산 네트워크의 증가, 핵보유국의 공격적인 예방전쟁, 핵 안전사고와 승인되지 않은 핵무기의 사용, 핵보복능력을 보유하지 못한 핵 주체 등으로 인해 점차 증가할 것이라고 강조한다.[54]

핵억제이론의 한계

'핵무기로 대규모 전쟁을 예방한다'는 개념은 다양한 시각에서 비판을 받고 있다.

첫째, 핵억제이론의 '합리성'에 대한 의구심이다. 핵무기에 의한 '공포의 균형'은 상황에 따라서 핵무기를 사용할 수도 있다는 '불신'과 서로 공멸하는 핵전쟁을 원하지는 않는다는 '믿음'에 기반한다. 즉 핵억제이론의 '합리성'은 '불신'과 '믿음'이라는 매우 위험한 역설의 조합으로 이루어져 있다.

둘째, 핵무기의 억제력은 핵무기의 존재 자체로 달성되는 것이 아니라 '핵보복'을 포함한 핵무기의 사용 '위협'에 기반한다는 점이다. 핵무기를 사용할 의지는 보이지 않고 단순한 '엄포'만 반복한다면 상대방의 공격을 억제할 수 없을 것이다. 핵보유국(NWS; Nuclear Weapon States)들이 핵무기의 성능을 향상시키고 다양한 운반수단을 개발하며 신속한 공격 능력을 확보하는 이유가 여기에 있다.

셋째, 핵억제이론으로는 '신뢰'와 '군축'을 달성할 수 없다는 것이다. 핵무기의 성능 개량과 운반수단의 다종화는 핵보유국의 안보 딜레마를 심화하여 군비경쟁을 유발한다. 즉 핵억제이론에 근거한 안보 전략은 핵무기의 수직적 확산뿐만 아니라 북한과 이란의 사례처럼 수평적 확산을 막을 수 없게 된다.

넷째, 핵무기는 방어적으로만 사용하기에는 너무 위협적이라는 점이다. 미국이나 러시아와 같은 강대국의 핵전략은 핵무기를 전쟁을 억제하는 수단으로만 간주하지 않고 전쟁 승리의 수단으로 간주하기 때문이다. 핵보유국들이 비핵보유국(NNWS; Non-Nuclear Weapon States)에 대해 핵무기 사용의 위협을 가하는 사례가 이를 증명한다.

다섯째, 무엇보다 핵억제이론의 또 다른 문제는 '의도하지 않은 핵전쟁'을 막을 수 없다는 것이다. 즉 핵무기가 존재하는 이상 우발적이거나 인가되지 않은 핵전쟁이 언제든지 발생할 수 있는 '위험성'이 상존한다. 1980년 6월 미국 핵전쟁통제센터의 컴퓨터가 오작동하여 소련의 핵미사일 수백 기가 포착되었고, 1995년 1월 러시아 정부는 노르웨이가 발사한 인공위성을 미국의 핵미사일로 오인하여 핵보복 태세에 돌입한 사례가 있다.[55]

여섯째, 핵무기의 억제력으로 인해 오히려 핵확산이 지속하고 있다. 핵 억제력을 갖추면 강대국으로 대우를 받거나 주권을 보장받을 수 있다고 여긴다. 핵확산금지조약(NPT)의 '불평등성'과 핵보유국의 '이중기준(double standard)'이 이러한 생각을 강화한다. 핵보유국의 이중기준이란 핵보유국이 어떤 나라의 핵 보유는 묵인하면서 다른 나라는 제재하는 것을 말한다.[56]

마지막으로 핵 억제는 언제든 실패할 수 있으며, 실제로 여러 번 실패했다. 다행히 핵전쟁으로 이어지지는 않았지만, 매우 위태로운 상황까지 갔다. 1962년 '쿠바 미사일 위기'가 대표적인 사례이다.

10월 14일 미군 정찰기에 의해 쿠바에 건설 중이던 소련 미사일 기지가 발견되었다. 미국 케네디 대통령은 소련이 쿠바 미사일 기지 건설을 강행할 경우 제3차 세계대전도 불사하겠다고 공식 발표하였다.

다행히 10월 28일 미소 간의 극적인 합의로 핵전쟁은 모면하였고, 소련이 쿠바에서 미사일을 철수하는 조건으로 미국은 터키에 있는 미사일 기지를 제거하기로 약속하였다. 케네디 대통령은 해상봉쇄 명령을 내리면서 이미 핵전쟁의 위험을 명백하게 인지하였다. 따라서 쿠바 미사일 위기는 핵 억제의 실패 사례이지 성공 사례가 아니다.

마지막으로, 오로지 핵무기만이 억제력을 가지는 것은 아니다. 억제력은 전쟁으로 치러야 할 비용이 전쟁으로 얻는 이익보다 클 것이라 믿을 때는 언제든지 작용할 수 있기 때문이다.[57]

핵무기 개발에 기여한 과학자들의 속죄

제2차 세계대전 이후의 장기간 평화는 핵무기의 억제력 때문이 아니라 국제적으로 광범위하게 퍼진 반핵운동과 그로 인한 제도의 변화가 있었기 때문은 아닐까? 실제로 제2차 세계대전 이후 핵무기 개발에 관련된 과학자들이 참여한 반핵운동으로 핵무기의 사용은 금기시되었다고 볼 수 있다. 국제적인 반핵운동에 참여한 과학자들은 핵무기에 대한 정확한 정보와 핵보유국 정부의 주장과는 다른 해석을 제공하여 비인도적인 무기로 인식하도록 하였다.

아인슈타인, 오펜하이머 등과 같은 저명한 과학자들은 대중적인 파급력을 가지고 있었으며, 이들은 인류를 멸망시킬 수 있는 핵무기의 사용을 금지하고 모두 폐기해야 한다고 주장하였다. 또한 이들은 핵보유국 정부들이 핵무기에 의존한 안보 정책과 전략을 추구하지 못하도록 압박하였다. 이들이 참여한 반핵운동으로 형성된 비판적 여론은 핵보유국들이 핵무기의 군축을 추진하도록 유인하였다.[58]

1945년 8월 6일 일본에 원자폭탄이 투하되었다는 보도를 접한 아인슈타인은 큰 충격을 받고 당시 미국에 머물고 있던 일본의 물리학자인 유카와 히데키를 찾아가 눈물을 흘리며 용서를 빌었다는 일화가 있다. 아인슈타인은 핵무기 폐기를 목표로 하는 평화운동에 앞장섰다. 맨해튼 프로젝트를 지도했던 핵물리학자 로버트 오펜하이머(Robert Oppenheimer)도 제2차 세계대전 이후 수소폭탄을 제조하려는 국가정책에 강력하게 반대하여 스파이 혐의까지 받아 일선에서 물러나게 되었다. 제2차 세계대전 이후 세계 각국에서 전쟁에 이용된 과학자들의 저항이 시작되었다.

미국에서는 원자폭탄 관련 기업과 대학의 연구자들이 다른 분야의 과학자 조직과 함께 미국 과학자연맹을 결성하여 과학기술의 군사화 정책에 반대하였다. 영국의 과학노동자연맹은 원자폭탄의 즉각적인 폐기를 지지하였고, 프랑스 과학자들은 핵보유국 정부를 향해 원자폭탄을 절대로 먼저 사용하지 않을 것을 천명하도록 요구하였다. 이런 움직임은 프랑스의 졸리오 퀴리(Joliot Curie)[59]를 회장으로 세계적으로 저명한 핵물리학자들이 운영한 세계평화평의회에도 영향을 미쳤다.

세계평화평의회는 주요국 지도자들에게 "모든 핵무기의 사용을 금지하고, 국제적으로 관리하며, 핵무기를 최초로 사용한 나라는 전쟁범죄자로 취급한다."는 선언을 지지하도록 요구하였다. 이러한 과학자들의 대규모 평화운동에도 불구하고 히로시마에 투하된 원자폭탄보다 수천 배의 위력을 가진 수소폭탄이 개발되었다.

영국의 철학자 버트런드 러셀(Bertrand Russell)은 미국이 1954년 3월 비키니환초에서 진행한 수소폭탄 실험의 무서운 결과를 목격한다. 그는 아인슈타인과 함께 이 대량살상무기의 위험성을 전 세계에 경고하기 위해 1955년 7월 성명서를 작성하여 전 세계의 유명한 과학자들에게 동참을 요청하였고, 수많은 노벨상 수상자들이 여기에 서명하였다. 나중에 '러셀 · 아인슈타인 선언'으로 불리게 된 이 성명서는 미국, 영국, 소련, 중국, 프랑스, 캐나다 6개국의 정상들에게 보내졌다.

이 러셀 · 아인슈타인 선언의 영향을 받은 과학자들은 핵무기의 개발과 발전과 관련된 세계적 위기를 서로 공유하고 대책을 논의하기 위해 1957년 7월 퍼그워시(Pugwash) 회의를 개최하였다. 회의에 참석한 대부분의 과학자들은 국제정치에서 핵무기의 역할을 줄이고 장기적으로 모든 핵무기를 폐기하여야 한다고 주장하였다. 그러나 헝가리 출신 미국 물리학자인 레오 실라르드(Leo Szilard)는 핵무기를 모두 폐기하는 것이 현실적으로 제한되므로 미국과 소련이 핵무기의 균형을 깨지 않도록 약속하는 것이 중요하다고 주장하였다.

이렇게 핵무기의 위협을 줄이려는 과학자들의 건설적인 제안이 담긴 회의의 구체적인 내용은 매번 각국 정상들에게 보내졌다.[60] 철도왕 시루스 이튼(Cyrus Eaton)의 지원으로 퍼그워시 회의는 10회 이상 개최되었고, 점점 공식적인 형태로 변모했다. 특히 영국에서 개최된 9차, 10차 회의에서 만들어진 핵무기의 단계적 감소방안은 미국과 소련이 합리적이고 상호 실현 가능한 협상안을 만드는 계기가 되었다. 모든 핵실험을 중지하는 협상도 채택되게 되었다.[61]

핵무기의 비확산 및 군축 노력

1950~1965년 동안 미국의 핵무기 보유량은 급속히 증가하여 1966년 약 31,700개의 핵무기를 보유한 것으로 추정된다. 이후 미국의 핵무기 보유량은 서서히 감소하였고, 1991년 냉전의 종식으로 급격히 줄어들어 2002년 이후 1만 개 이하로 감소하였다. 구소련의 핵무기 보유량은 1960년대 이후 급격히 증가하여 1978년부터 미국을 앞질렀다. 1986년 최고치인 40,700개의 핵무기를 보유하였으나, 미국과의 군축 협상으로 급격히 감소하여 2002년 이후 1만 개 이하로 줄게 되었다가[62] 증가와 감소를 반복하였으며, 2021년 현재 미국은 5,550여 개, 러시아는 6,250여 개를 보유하고 있는 것으로 추산되고 있다.

핵무기보유국의 증가(수평적 확산)와 핵무기의 숫자 및 파괴 효과의 증가(수직적 확산)로 인해 핵 위협과 안전감의 크기는 비례한다는 핵억제이론의 전제가 무너지기 시작하였다. 베를린 봉쇄 위기(1961년)와 쿠바 미사일 위기(1962년)를 거치면서 핵억제이론에 균열이 일어났다. 이렇게 핵보유국들 사이에서 시작된 핵무기의 제한 및 감축을 위한 노력은 '부분핵실험금지조약(1963년)'[63] 체결을 통해 처음으로 실현되었다.

이를 시작으로 미국과 소련은 '핵확산금지조약(NPT)(1970년)'[64]의 체결과 발효를 위해 핵무기 감축 문제를 본격 논의하였다. 1969년부터 3년 동안의 논의 끝에 1972년 5월 1차 'SALT-I(Strategic Arms Limitation Talks, 전략무기제한협상)'이 체결되어 핵무기를 투발할 수 있는 ICBM(Intercontinental Launched Ballistic Missile, 대륙간탄도미사일)과 SLBM(Submarine Ballistic Missile, 잠수함발사탄도미사일)의 수량 제한에 합의하였다.

1982년부터 좀 더 적극적인 핵무기의 감축을 위해 전략무기감축협상(START; Strategic Arms Reduction Talks)으로 발전되었으며, 세계적인 핵 위협의 제거에 기여한 것으로 평가받고 있다.[65] 2020년 1월 기준 세계의 핵무기 보유현황은 표 6과 같다.[66]

한편 1990년대 중반에는 핵무기의 사용에 대한 도덕적·법률적 논쟁이 절정에 달했다. 1994년 12월 15일 유엔은 결의안 채택을 통해 핵무기 사용과 사용 위협이 국제법에 부합하는지를 국제사법재판소가 판단하도록 하였다. 핵보유국들이 국제사법재판소가 법률적 판단을 철회하도록 요구하였다. 그러나 1996년 7월 8일 국제사법재판소는 "일반적으로(generally) 핵무기의 사용과 사용 위협은 국

표 6. 세계의 핵무기 보유량(2020년 1월)

국 가	계	배 치	기 타	2020년 기준	첫 핵실험
총 계	13,080	3,825	9,255	13,400	
미 국	5,550	1,800	3,750	5,800	1945
러시아	6,255	1,625	4,630	6,375	1949
영 국	225	120	105	215	1952
프랑스	290	280	10	290	1960
중 국	350		350	320	1964
인 도	156		156	150	1974
파키스탄	165		165	160	1998
이스라엘	90		90	90	
북 한	(40~50)		(40~50)	(30~40)	2006

제법과 배치되고, 특히 인도주의 법에 위배되므로 핵보유국들은 핵 폐기의 의무가 있다."는 권고의견(advisory opinion)을 제시하였다.

물론 국제사법재판소는 국가의 존망과 관련된 상황에 대해서는 결론을 내리지 못하였지만, 핵보유국의 핵무기 사용에 대한 부담을 더욱 가중시켰다. 또한 "핵무기의 사용과 사용 위협이 인도주의 법에 배치되지만, 핵무기의 사용을 금지하는 국제법이 존재하지 않는다."는 국제사법재판소의 판단은 '핵무기의 사용 자체를 금지하는 국제법 제정'을 반핵운동의 새로운 당면과제가 되도록 만들었다.[67]

국제 핵 비확산 체제

핵 비확산 체제는 핵에너지의 군사적 사용을 방지하고 핵보유국의 핵무기 개량과 핵실험을 금지를 포함하는 핵무기의 확산 행위를 법적으로 제한하는 국제조약, 제도, 협정, 기구 등을 총칭하는 것이다. 이러한 핵 비확산 체제는 첫째, 비핵보유국이 핵무기를 보유하지 못하도록 하는 '수평적 확산방지'와 둘째, 핵보유국의 핵무기 보유량을 감축하는 '수직적 확산방지' 체제로 구분할 수 있다.[68](아래 그림 참조)

그림 10. 국제 핵 비확산 체제

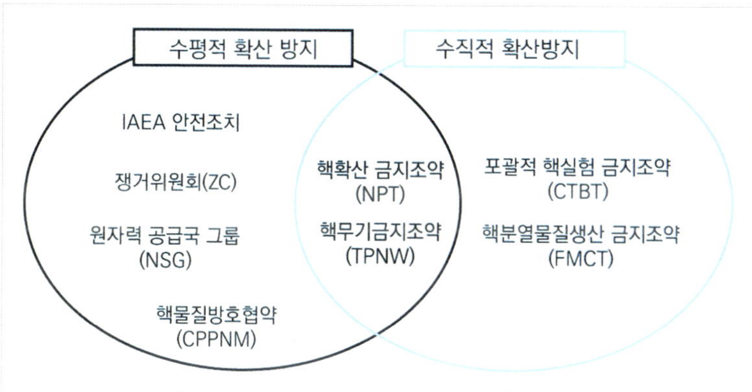

국제원자력기구

영국이 핵실험에 성공하고, 소련이 수소폭탄 실험에 성공하면서 미국은 핵무기가 더 많은 국가로 확산되는 것을 우려하였다. 아이젠하워(Dwight D. Eisenhower) 대통령은 핵무기의 개발을 억제하고 원자력의 평화적 이용을 권장하기 위해 1953년 12월 8일 유엔총회에서 국제원자력기구(International Atomic Energy Agency, IAEA)의 창설을 제안했다. 1955년 8월 제네바에서 창설준비회의를 통해 IAEA 헌장을 마련하였고, 1956년 유엔총회의 승인으로 1957년 10월 9일 IAEA가 정식 발족하였다.

오스트리아 빈 국제센터(VIC)에 있는 IAEA 사무국은 원자력에너지부, 원자력안전부, 안전조치부 등 6개의 부서로 구성되어 있고, 약 900명의 전문직과 1,300명의 일반직이 근무하고 있다. IAEA의 정책 결정, 예산 및 사업의 심의 등과 같은 실질적 권한은 1년에 6차례 개최되는 이사회에 위임되어 있다. 이사회는 13개의 실질적인 상임이사국과 2년 임기의 22개 임시 이사국으로 구성된다.[69]

IAEA 사찰관은 회원국과 체결한 안전조치 협정에 의거 핵시설 또는 원자력시설에 대한 사찰 활동을 시행하고 있다. 모든 사찰 결과는 유엔총회에 보고되며, 특별한 사건의 경우 유엔안보리에 보고하여 규제 조치가 취해지게 되어있다. IAEA의 사찰 활동으로 1990년대 초 남아공과 우크라이나, 벨라루스, 카자흐스탄이 핵무기를 포기하도록 하였고, 브라질과 아르헨티나가 NPT 체제에 들어오도록 만들었다.

그러나 이라크와 북한의 핵무기 개발을 통해 NPT 체제와 IAEA 안전조치 체제의 한계가 노출되었다. IAEA의 사찰 활동은 회원국이 신고한 핵물질과 핵시설에만 국한되어 있었기 때문에 비밀리에 은밀하게 진행한 핵 활동을 방지할 수는 없었다. 이에 기존의 안전조치 협정을 보강하는 '추가 의정서(Additional Protocol)'를 제정하였다. 추가 의정서는 핵기술과 관련된 민간시설까지 IAEA 사찰관이 방문할 수 있도록 사찰 활동의 범위가 확대되었다.[70]

핵확산금지조약(Nuclear Non-Proliferation Treaty, NPT)

1950년대 후반부터 핵보유국의 군비경쟁이 본격화되면서 핵 폐기를 촉구하는 반핵운동도 거세졌다. 1958년 미국의 국가정보평가(NIE; National Intelligence Estimate) 보고서는 미국, 소련, 영국을 제외한 16개국이 핵무기 개발능력을 갖추고 있다고 밝혔고, 실제로 프랑스와 중국이 잇달아 핵실험에 성공했다. 특히 제2차 세계대전의 전범국인 독일, 이탈리아, 일본의 핵무장이 가장 큰 우려였다. 1958년 유엔총회에서 아일랜드 외무장관 에이켄(Frank Aiken)은 핵무기 확산으로 인한 불안을 해소할 수 있는 국제레짐을 제정할 것을 촉구하였다.

1961년 유엔총회에서 핵보유국은 핵확산을 방지하고, 비핵보유국은 핵보유를 추구하지 않기로 결의하였고, 이 결의안을 기초로 1962년 미국이 작성한 NPT 초안이 제네바 군축회의에 처음으로 제출되었다. 한편 1961년 취임한 케네디(John F. Kennedy) 대통령은 베를린 봉쇄 위기(1961년)와 쿠바 미사일 위기(1962년)를 겪으면서 핵 군축과 군비통제가 절박하게 되었다.

1961년 9월 26일 케네디 대통령은 군비통제·군축국(ACDA; Arms Control and Disarmament Agency)을 설립하여 미국의 핵 군비통제 및 군축 정책을 수립하고, 국제교섭을 담당하도록 하였다. 1964년 10월 중국이 핵실험에 성공하고 인도가 이에 큰 자극을 받으면서 더 이상으로 핵확산 금지 조치를 늦추면 안 된다는 국제적 공감대가 형성되었다. 1965년 유엔총회에서 결의안 2028호를 채택하였고, 이는 핵확산금지조약(NPT) 협상안의 주요 근간이 되었다.

그러나 비핵보유국들은 협상안에 핵보유국의 핵 폐기 의무가 뚜렷하지 않아 불평등하다고 반발하였다. 이에 미국과 소련은 비핵보유국이 핵을 평화적으로 이용할 수 있도록 보장하고 핵우산을 제공하겠다고 무마하였다. 우여곡절 끝에 1968년 NPT 초안이 유엔총회에 제출되었고, 결의안 2372호 채택으로 승인하였다. 7월부터 서명이 시작되었고, 1970년 3월 5일 발효되었다. 당시 핵보유국인 프랑스와 중국은 서명을 거부하다가 1992년에 가입하였다.[71] 2021년 현재 인도, 파키스탄, 이스라엘, 남수단 등 4개국은 가입하지 않고 있다. 북한은 1985년 가입하였다가 1993년 탈퇴 선언 후 보류하였으나 2003년에 최종 탈퇴하였다.

NPT[72]는 전문과 본문 11개 조항으로 되어있으며, 핵무기의 확산을 방지하고 완전한 핵무기 폐기의 달성을 목표로 하고 있다. NPT는 세 가지 주요 내용으로 되어있다.

첫째는 핵무기의 '비확산'으로서, 핵보유국(NWS, P5)은 비핵보유국이 핵무기를 획득하거나 제조하도록 돕거나 관여해서는 안 되며(제1조), 비핵보유국(NNWS)은 핵무기를 획득하거나 제조하기 위해 노력하거나 지원을 받아서는 안 된다(제2조). 이러한 의무행위는 국제원자력기구(IAEA)에 의해 검증을 받아야 한다(제3조).

둘째는 원자력의 '평화적 이용'으로서, 모든 회원국은 핵에너지를 평화적으로 이용할 수 있는 권리를 보장받으며, 평화적 이용을 위한 핵장비, 핵물질 및 기술정보에 대해 최대한 협조하도록 약속하고 있다(제4~5조).

셋째는 핵무기의 '군축'으로서, 핵보유국은 핵 군축을 위한 교섭을 성실히 추진하도록 하고 있다(제6조).[73] 비핵보유국들은 이 조항이 핵보유국의 핵 군축을 의무화한 것이라고 주장하지만, 핵 폐기의 구체적인 일정을 규정하지 않고 있어 사실상 핵보유국의 국제법적 지위를 인정하는 것이다.[74]

하지만 NPT에 의해 1968년 이전의 핵 보유는 합법이 되고, 1968년 이후의 핵 보유는 불법이 되는 이른바 '핵 차별(nuclear apartheid)'로 인해 핵 보유를 추구하는 국가 또는 비국가 단체들에 의한 핵확산을 막지 못하고 있다는 비판을 면하지 못하고 있다.[75] 실제로 1970년 초반 약 4만 개였던 전 세계의 핵무기는 1980년대 중반에 7만 개까지 증가하였다.

이후 핵무기 수는 감소하였으나, 인도와 파키스탄의 핵 개발과 북한의 NPT 탈퇴 선언 등으로 NPT는 위기를 맞았다. 심지어 이러한 국가들의 핵무기 보유량은 매년 증가 추세를 보인다. 이러한 상황에도 불구하고 '조약 발효 25년 후 ① 무기한 연장, ② 기한부 단수 연장, ③ 기한부 복수 연장을 결정(10조)'하기로 한 결정으로 개최된 1995년 NPT 연장 회의에서 전원 찬성으로 무기한 연장이 결정되었다.[76]

그러나 NPT가 영구적인 조약이 된 이유는 '불평등성'과 같은 조약의 근본적인 한계점이 극복되어서가 아니라 당시의 국제정치 상황 때문이었다. 첫째는 1980년대 미국 레이건 대통령의 독자적인 핵무기 감축 정책과 미소 간의 핵 군축 회담의 성공이고, 둘째는 1990년대 초에 냉전의 종식과 함께 브라질, 아르헨티나, 남아공, 프랑스 및 중국이 NPT에 가입하였으며, 셋째는 1993년 북한의 NPT 탈퇴 선언이 있었기 때문이다.[77]

핵확산금지조약(NPT)의 한계

현재 핵무기의 확산을 통제하는 시스템은 NPT와 IAEA 안전조치(safeguard)이다. 그러나 NPT는 조약 체결 당시에 핵무기를 보유하고 있던 미국, 구소련(러시아), 영국, 프랑스, 중국 등 5개국만을 핵보유국으로 인정하였다.[78] 핵보유국(NWS) 이외에는 모두 비핵보유국(NNWS)으로 핵무기를 보유할 수 없으며, 핵분열물질을 취급할 경우 모두 IAEA와 안전조치협정을 체결하고 검증을 받도록 하였다. 핵보유국은 보유한 핵무기와 핵분열물질을 IAEA에 신고하거나 사찰을 받을 의무가 없다.

인도, 파키스탄, 북한 등은 NPT 체제의 '불평등성'을 이유로 가입하지 않거나 가입하였다가 탈퇴하였다.[79] NPT에 대한 비판의 핵심은 세 가지로 요약할 수 있다. 첫째, 핵보유국이 핵무기 폐기에 성실히 임하지 않기 때문에 핵확산 현상이 유지되고 있다. 둘째, 핵무기 보유를 추구하는 국가 또는 비국가 단체가 핵무기 획득 직전까지 도달하도록 허용하고 있다. 이란이 대표적인 사례이다. 셋째, NPT 체제에서 벗어난 핵무기보유국들이 존재하고 있으며, 앞

으로 더 생길 수 있다. 인도, 파키스탄, 이스라엘, 북한 등이 해당된다.[80]

최근에 NPT가 더욱 거센 비판을 받는 이유는 근본적으로 NPT가 핵무기 사용의 '금지'나 핵무기의 '군축'이 아니라 비핵보유국이 핵무기를 보유하지 않도록 하는 '비확산'에 초점을 맞추고 있기 때문이다. NPT는 핵보유국이 핵무기를 폐기해야 하는 시한이나 핵무기의 실험과 사용을 금지하는 내용을 포함하고 있지 않다. 더욱이 조약 체결 당시 비핵보유국은 핵보유국이 NPT 회원국 중 비핵보유국에 핵무기 사용과 사용 위협을 하지 못하게 하는 '소극적 안전보장(NSA; Negative Security Assurance)'을 포함하도록 요구하였으나, 핵보유국은 이를 거부하였다.

NPT의 무기한 연장 여부를 결정한 1995년 검토 회의를 앞두고서도 비핵보유국의 동일한 불만이 재표출되어 유엔 안보리는 결의안 984호를 통해 '소극적 안전보장'을 약속했다. 그러나 무기한 연장이 결정된 이후 '소극적 안전보장'에 대한 핵보유국의 약속은 이행되지 않았다. 이 때문에 1996년 국제사법재판소의 권고 이후 진정한 핵 폐기를 위해서 NPT를 폐기하고 「핵무기금지협약」(NWC; Nuclear Weapons Convention)[81]을 다시 체결하자는 제안이 꾸준히 제기되었다.

핵무기금지협약은 핵보유국이 핵 폐기의 의무를 이행하지 않으면서 비핵보유국의 핵 보유를 막는 것은 논리적·현실적으로 한계가 있다는 인식을 반영한 것이다. 핵무기가 없는 세계를 만들기 위해서는 '내가 상대방의 핵무기에 위협을 느끼는 것처럼 나의 핵무기도 상대방에게 위협이 된다'는 위협 인식의 상호성을 인정해야 한다. 이러한 인식을 바탕으로 핵무기를 먼저 사용하지 않겠다는 약속을 명문화하여 법적 구속력을 갖추어야 한다. 핵무기의 사용 금지는 핵보유국과 비핵보유국 간에 국한된 것이 아니다. 핵보유국 간의 핵무기 사용은 핵전쟁으로 전개될 더 큰 위험성을 내포하고 있다. 따라서 '핵무기 선제사용 금지(NFU; No First Use of Nuclear Weapon)'를 조약으로 규정하여 먼저 신뢰를 구축해야 핵 폐기의 단계로 넘어갈 수 있다.[82]

핵실험금지조약(Nuclear Test Ban Treaty, TBT)

제2차 세계대전 이후 계속된 핵실험으로 인해 방사능 노출 위험이 점점 심각해지고 핵과학자들이 지지하는 반핵운동이 심화되어 1963년 부분핵실험금지조약(PTBT; Partial TBT)이 체결되었다.[83] 핵보유국 중에서는 프랑스와 중국, 그 외에는 북한이 PTBT에 가입하지 않고 있었다. 포괄핵실험금지조약(CTBT; Comprehensive TBT)은 핵보유국의 새로운 핵무기의 개발을 방지하고 새로운 핵보유국의 등장을 예방하여 NPT 체제를 강화하기 위해 1996년 제정되었다.

NPT에는 핵실험을 금지하는 조항이 없고, 1963년 제정된 부분핵실험금지조약(PTBT)은 지하 핵실험을 금지하고 있지 않다. '핵능력을 보유한' 44개국 중에서 인도, 파키스탄, 북한 3개국이 서명하지 않았고, 미국, 중국, 이란, 이스라엘, 이집트, 인도네시아 6개국은 비준하지 않아 현재까지 발효되지 못하고 있다.

CTBT의 실행기구인 포괄핵실험금지기구(CTBTO)는 조약의 미발효로 준비위원회 형태로 운영되고 있으며, 오스트리아 빈에 본부를 두고 국제감시시스템(IMS; International Monitoring System)과 국제정보센터(IDC; International Data Center)를 가동하고 있다. 조약이 발효되면 CTBTO는 전 세계에서 시행되는 핵실험을 감시하고 여부를 검증하게 된다. 핵실험이 의심되는 국가에 대해서는 현장사찰을 시행할 수도 있게 된다.[84]

핵분열물질생산금지조약(Fissile Material Cut-Off Treaty, FMCT)

핵분열물질생산금지조약은 무기용 고농축우라늄(HEU, Highly Enriched Uranium)과 무기급 플루토늄(WgPu, Weapon-grade Plutonium) 등의 생산을 금지하는 조약이다. 전면핵실험금지조약(CTBT)은 핵 군비경쟁의 중지라는 질적 측면을 고려한다면, 이 조약은 무기급 우라늄과 플루토늄의 생산을 금지하여 양적인 측면을 제한한다고 볼 수 있다.

1993년 UN 총회에서 핵분열물질의 생산을 금지하는 협상을 시작하자는 결의안이 만장일치로 통과되었고, 그 후 제네바 UN 군축회의(CD, Conference on Disarmament)에서 논의되었다. 2018년 5월에는 제네바에서 FMCT 고위급 전문가 준비그룹 2차 회의가 개최되었으며, 대한민국 등 25개국이 참여하였다. 현재에도 논의는 계속되고 있지만, 금지 대상 핵물질의 범위 등을 놓고 의견이 대립되

어 실질적인 교섭은 미흡한 실정이다.[85]

참고적으로, IAEA가 정의하는 핵무기를 한 개 제조하는 데 필요한 핵물질의 의미 있는 유의량(SQ: Significant Quantity)은 고농축우라늄 25㎏, 무기급 플루토늄 8㎏이다. 그러나 핵무기 설계와 핵무기 부품 제조기술, 안전·장전·신관·점화(SAFF: Safing Arming Fuzing Firing) 체계 기술, 핵물질의 순도 등에 따라 차이가 날 수 있다.

핵무기금지조약(TPNW)

2017년 7월 7일 유엔총회에서 핵무기의 군축과 폐기를 위한 「핵무기금지조약」(Treaty on the Prohibition of Nuclear Weapons, TPNW)의 체결을 위한 결의안이 채택되었다. 스위스 제네바에 본부를 두고 있는 국제 민간단체 「핵무기폐기국제운동」(ICAN; International Campaign to Abolish Nuclear Weapons)은 핵무기금지조약의 채택에 결정적으로 기여한 공로를 인정받아 노벨평화상을 수상하였다.

핵무기금지조약은 2020년 10월 24일 온두라스가 50번째로 비준하여 90일 후인 2021년 1월 22일에 공식 발효되었다. 비록 5개 핵보유국과 인도, 파키스탄, 북한 등 많은 국가가 참여하지 않고 있지만, 핵무기의 '비확산'과 '군축'을 넘어 영구적인 '사용 금지'와 '폐기'를 목표로 하고 있어 '핵무기 없는 인류'를 위한 힘든 첫걸음을 내디뎠다는 긍정적인 평가를 받고 있다.[86]

핵무기금지조약은 서문과 20개 조항으로 구성되어 있으며, 모든 국가가 핵무기 또는 핵폭발장치의 개발, 실험, 생산, 제조, 획득,

보유 또는 비축을 금지하고 자국의 영토 또는 관할하는 어느 장소에 핵무기 또는 핵폭발장치를 설치 또는 배치하는 것을 금지하고 있다. 이처럼 핵무기금지조약은 핵확산금지조약(NPT)과는 달리 핵무기와 관련된 모든 행위를 금지한다. 미국은 핵무기금지조약을 강하게 반대하고 있고, 그 외의 핵보유국과 NATO 회원국의 공식 의견은 없으나 모두 이 조약에 반대하고 있는 것으로 추정하고 있다. 주요 핵보유국과 핵보유국의 동맹국들이 참여하지 않고 있는 상황에서 핵무기금지조약의 실질적인 이행은 쉽지 않을 것이다.

은밀한 핵확산 네트워크

NPT 체제를 피해 불법적으로 핵 거래를 한 대표적 사례는 파키스탄의 칸(Abdul Qadeer Khan) 박사일 것이다. 인도와 파키스탄이 분리되기 이전인 1935년에 인도 보팔에서 태어난 그는 파키스탄으로 이주하여 카라치(Karachi) 대학교를 졸업하였다. 그는 1961~1972년 동안 독일, 네덜란드, 벨기에 등에서 박사 과정을 마치고 1972년부터 네덜란드 암스테르담(Amsterdam)에 있는 유렌코(URENCO)라는 핵연료회사의 원심분리기연구소(Physical Dynamics Research Laboratory)에서 일하게 되었다. 1974년 인도의 핵실험 성공 이후 파키스탄 정부와 비밀리에 접촉한 그는 원심분리기 설계도면 등 핵무기 개발에 필요한 정보를 은밀히 수집하였다.

1975년 파키스탄으로 귀국 후 1976년 카후타(Kahuta)에 칸연구소(KRL; Khan Research Laboratories)를 설립하고 P-1형 원심분리기를 개발하여 파키스탄의 핵무기 개발 프로그램에 크게 기여했다. 1980년대 중반에는 성능이 더 우수한 P-2형 원심분리기의 개발에 성공하였다. 그는 회수한 P-1형 원심분리기를 파기하지 않고 국제시장에서 불법적인 거래를 하기 시작하였다.

그는 아랍에미리트의 두바이(Dubai)에 SMB 그룹이라는 컴퓨터수입업체를 거점으로 핵확산 네트워크를 만들어 운영하였다. 1986년 이란 대통령이 파키스탄을 방문한 이듬해 이란과 파키스탄은 원자력협력협정을 체결하였다. 칸 박사는 P-1형 원심분리기 2천 대와 설계도면, 농축시설 설계 등을 제공하는 조건으로 3백만 달러를 받았고, 이라크에 P-1형 원심분리기 완성품과 P-2형 원심분리기 부품 일부를 공급하였다.

1997년 리비아는 칸 박사와 접촉하여 P-1형 원심분리기 20대와 다량의 부품을 주문하였다. 2000년 칸 박사는 리비아에 P-2형 원심분리기 2대를 전달하면서 총 1만 대의 공급 계약을 체결하였다. 한편 북한과의 접촉은 1990년대 말 파키스탄의 미사일 프로그램을 지원하던 북한 과학자들이 칸 박사의 연구소를 방문하면서 이루어졌다. 이후 20대 정도의 P-1형과 P-2형 원심분리기와 부품들이 북한에 공급되었다.

1990~1992년 걸프전 이후 유엔 안보리 결의안 699호에 의한 IAEA의 특별사찰이 시행되었고, 칸 박사의 핵확산 네트워크를 통해 이라크에 원심분리기와 설계도면, 부품 등이 공급되었다는 사실이 드러났다. 칸 박사는 미국 등 국제사회의 강력한 비난으로

2001년 파키스탄 핵 개발의 본산인 카후타(Kahuta) 연구소장에서 물러났고 가택 연금된 상태로 정부의 조사를 받았다.

2004년 1월 미국이 제공한 결정적 증거를 통해 이란과 리비아와의 불법 거래가 밝혀졌고 칸 박사도 이를 자백하였다. 칸 박사는 두바이의 위장업체 외에도 말레이시아에 SCOPE(Scomi Precision Engineering)라는 업체를 운영하여 국제적 수출입 통제를 피해 원심분리기를 제조하였다. 칸 박사는 핵확산 네트워크 운영을 위해 40여 명의 기술자를 고용하였으며, 유럽에서 부품을 쉽게 구입할 수 있도록 터키와 남아공에 소규모의 밀매 조직을 설립하였다. 칸 박사는 리비아의 원심분리기 시운전에 필요한 1.7톤의 북한산 육불화우라늄(UF_6)을 리비아에 공급하기도 하였다. 그러나 2004년 무샤라프(Pervez Musharraf) 파키스탄 대통령은 그의 공로를 인정하여 가택연금만을 명령하였고, 2009년 가택연금도 해제되었다.[87]

지구 운명의 날 시계(Doomsday Clock)

미국 시카고 대학의 '원자과학자회보(Bulletin of Atomic Scientists)'는 1947년 자정 7분 전을 가리키고 있는 「지구 운명의 날 시계」(Doomsday Clock)를 만들었다. 1949년 소련의 핵실험으로 3분 전, 1953년 영국의 핵실험으로 2분 전을 가리키게 되었다. 1960년 활발한 반핵운동으로 7분 전으로 되돌아갔고, 1963년에는 최초의 핵무기 감축으로 12분 전을 가리키게 되었다.

그러나 1968년 프랑스와 중국의 핵실험으로 다시 7분 전으로 줄어들었다. 1972년 미소 간의 SALT-I과 ABM 조약의 체결로 12분으로 늘어났다가 이후 군축교섭의 난항과 군비경쟁의 격화로 1984년 3분 전까지 줄어들었다. 1988년 미소 간의 INF 조약 체결, 1990년 냉전의 종결, 1991년 미소 간의 START 협정 체결 등으로 계속 늘어 17분 전까지 가리키게 되었다.

1995년 구소련의 핵무기 확산, 1998년 인도와 파키스탄의 핵 보유 선언, 2002년 미국의 ABM 조약 탈퇴 선언, 2007년 북한의 핵실험 등으로 5분 전까지 급격하게 줄어들었다. 북한의 거듭된 핵실험과 핵무기 프로그램의 진전으로 2018년 2분 전을 가리키게 되었다.[88] 핵무기의 '비확산'과 '군축'을 통해서는 '지구 운명의 날 시계'를 멈출 수 없다. 다만 '핵무기가 없는 세상'에서는 이 시계를 영원히 멈출 수 있을지도 모르는 일이다.

그림 11. 지구 운명의 날 시계

출처 : Photo credit Win McNamee/Getty Images, "The Doomsday Clock is inching closer to midnight. What exactly does that mean?", KYW Newsradio, March 15, 2021 5:00 pm.

참고문헌

1 이진호, 『무기의 이해』, 서울:양서각, 2007, 255쪽.

2 박상섭, 『테크놀로지와 전쟁의 역사』, 아카넷, 2018, 325~326쪽.

3 피터 퍼타도(김희진·박누리 옮김), 『죽기 전에 꼭 알아야 할 세계 역사 1001 Days』(원제: 1001 Days that Shaped the World), 마로니에북스, 2009, 713쪽.

4 박상섭, 앞의 책, 328~331쪽.

5 Steve Sheinkin(신근영 등 옮김), 『세상에서 가장 위험한 프로젝트 원자폭탄』(Bomb: The Race to Build-and Steal-the World's Most Dangerous Weapon), 서울:작은길출판사, 2014, 29~34쪽.

6 피터 퍼타도, 앞의 책, 715쪽.

7 1941년 여름, 영국으로 망명한 오스트리아의 핵물리학자 오토 로베르트 프리슈(Otto Robert Fritch)와 공동연구자 루돌프 파이얼스(Ridolf Peierls)의 보고서가 미국에 전해졌다. 이 보고서에는 원자폭탄의 구조를 이론적으로 밝히고, 원자폭탄 제조의 실현 가능성에 대한 정보가 담겼다.(마스카와, 2017, 53)

8 이내주, 『전쟁과 무기의 세계사』, 서울:채륜서, 2017, 286~287쪽.

9 Diana Preston(류운 옮김), 『원자폭탄 그 빗나간 열정의 역사』, 서울:뿌리와 이파리, 2006, 318쪽.

10 과학자들은 '대체물질 개발 프로젝트'라는 명칭을 제안했지만, 그로브스 장군은 원자폭탄 개발이 군 소관의 비밀 프로젝트로 추진된다는 점을 감안하여 당시 육군 공병단 사무실이 위치한 맨해튼 지구 공병대의 이름을 그대로 사용하여 맨해튼 프로젝트로 부르도록 하였다. 박상섭, 앞의 책, 335쪽.

11 이내주, 앞의 책, 287쪽.

12 그로브스 장군은 1942년 미 육군 공병 대령으로 미 국방부 건물인 팬타곤(Pantagon)을 목표일 내에 성공적으로 완공함으로써 전쟁지도부의 신임을 얻었다. 당시 국방연구위원회 회장인 배니버 부시(Vannevar Bush)가 원자폭탄 개발의 기밀 유지를 위해서는 군 소관, 특히 육군 공병단 소관으로 추진되어야 한다는 의견을 제시하였고, 루스벨트 대통령이 승인함으로써 전쟁지도부는 그로브스 대령을 적임자로 추천하였다. 그로브스 대령은 준장으로 진급하여 맨해튼 프로젝트 책임자가 되었으며, 뛰어난

추진력과 조직 장악력으로 프로젝트를 성공적으로 이끌었다. 맨해튼 프로젝트 2년째인 1944년 소장으로 진급하였으며, 1948년 중장으로 명예 전역하였다.

13 재처리시설은 길이가 240m로 창문이 거의 없는 거대한 콘크리트 건물이었다. 당시 세계에서 가장 큰 유람선 퀸 메리(Queen Merry) 호와 크기가 비슷하여 '퀸 메리'라는 별명이 붙기도 했다.

14 S. Sheinkin, 앞의 책, 169쪽, 172쪽.

15 이내주, 앞의 책, 288~289쪽.

16 당시에는 흑연 블록을 겹겹이 쌓아 올렸기 때문에 '원자로'라고 부르지 않고 '파일'이라고 불렀다.

17 마스카와 도시히데, 김범수 옮김, 『과학자는 전쟁에서 무엇을 했나』, 서울:동아시아, 2017, 44~45쪽; 핵문제연구회, 『핵무기 스캔들』, 서울:문화발전, 2013, 33~34쪽.

18 S. Sheinkin, 앞의 책, 240~257쪽.

19 이내주, 앞의 책, 285~287쪽.

20 핵문제연구회, 『핵무기 스캔들』, 서울:문화발전, 2013, 47~52쪽.

21 핵문제연구회, 앞의 책, 219~224쪽.

22 원자핵이 붕괴하면서 고에너지의 전자기파 혹은 입자를 방출하는 것을 '방사선(radiation)'이라 한다. 이러한 방사선을 내는 능력을 방사능(radioactive) 또는 방사성이라고 한다. 방사능을 가진 물질(방사능 물질)을 방사능으로 줄여 쓰기도 한다.

23 이진호, 앞의 책, 259~261쪽.

24 이승달·양일우·이남택·정우영·계영식·김성일·김동욱, 『군사화학』, 서울:봉명, 2004, 180쪽.

25 박상섭, 앞의 책, 332~333쪽.

26 중수는 페르미가 시카고 원자로에 사용한 흑연과 같이 중성자의 속도를 늦추는 감속재로서 우라늄의 핵분열 연쇄반응을 일으키는 데 필수적인 재료이다. 당시 노르웨이의 베모르크 중수공장은 세계 유일의 중수 생산시설이었다.

27 독일의 핵무기 개발 프로젝트의 책임자였던 물리학자 디프너(Kurt Diebner)는 중수 생산의 중단으로 전쟁이 끝날 때까지 핵분열 연쇄반응을 유지시키는 원자로를 만들지 못했고, 이것이 주요 실패요인이라고 진술하였다. S. Sheinkin, 앞의 책, 108~123, 150~158, 226쪽.

28 박상섭, 앞의 책, 341~343쪽.

29 박상섭, 앞의 책, 346~350쪽.

30 태평양의 마셜 제도 공화국(Republic of Marshall Island)은 29개의 환초와 1,200개 이상의 작은 섬들로 이루어져 있다. 이 중에서 비키니(Bikini) 환초와 에니위탁(Enewetak) 환초는 1946년부터 1958년까지 미국에 의해 핵실험이 실시되었다.

31 피터 퍼타도, 앞의 책, 774쪽.

32 박상섭, 앞의 책, 343~345쪽.

33 수소폭탄의 폭발원리는 다음과 같다. ① 1차 분열폭탄의 껍질에 삽입된 수십 개의 전기기폭장치가 고전압 전류에 의해 10^{-6}초 수준으로 동시에 터진다. ② 폭약의 충격파가 알루미늄(Al) 푸셔(pusher)를 기화시키면서 급격한 속도로 내폭한다. ③ 고체 우라늄(U) 탬퍼(tamper)도 액화, 기화되어 코어의 우라늄 껍질에 높은 압력을 가한다. ④ 우라늄 껍질이 벌어져 있던 공극을 급격히 좁히면서 내향하여 플루토늄(Pu) 공에 충격을 가한다. ⑤ 압축이 최대에 도달한 순간 기화된 우라늄과 플루토늄이 초임계 상태에 도달하면서 폴로늄(Po)이 도포된 베릴륨(Be) 공에서 튀어나온 중성자에 의해 연쇄반응이 시작된다. ⑥ 핵분열반응에 의해 X선이 뿜어져 나와 1차 분열폭탄을 탈출하면서 2차 분열폭탄을 분리하고 있던 격막을 제거한다. ⑦ X선이 두꺼운 폴리에틸렌 내피를 가열하여 플라스마(plasma) 상태로 만들고, 플라스마는 X선을 재복사하여 우라늄 푸셔의 표면으로 내향한다. ⑧ 우라늄 푸셔가 가열되어 기화하면서 강하게 내폭하고, 이 압력에 의해 첫 번째 진공 간격이 좁아진다. ⑨ 부동성 복사열 차폐판이 압축되고 두 번째 진공 간격도 찌그러진다. ⑩ 내부의 중수소가 안으로 압축되면서 열핵반응 온도까지 가열된다. ⑪ 중수소의 열핵반응으로 융합반응이 일어나면서 고에너지 중성자를 방출한다. ⑫ 고에너지 중성자는 플라스마를 벗어나 기화된 우라늄 푸셔에 있는 우라늄-238의 핵분열반응을 일으킨다. ⑬ 납으로 내부를 덧댄 두꺼운 케이스가 완전히 기화하고 순식간에 화구를 형성한다. Richard Rhodes(정병선 옮김), 『수소폭탄 만들기』(Dark Sun: The Making of the Hydrogen Bomb), 서울:사이언스북스, 2016, 427, 845, 862~865쪽.

34 Futter, Andrew(고봉준 옮김), 『핵무기의 정치』(The Politics of Nuclear Weapons), 서울:명인문화사, 2016, 49~51쪽.

35 프랑스 작가 쥘 베른(Jules Verne)의 고전 과학소설 『해저 2만리』(1869년)에서 주인공 네모 선장이 몰았던 잠수함 '노틸러스(Nautilus)'의 이름을 빌려 명명하였다.

36 이정훈, 『한국의 핵 주권: 그래도 원자력이다』, 서울:글마당, 2013, 129~132쪽.

37 이승달 등(2002), 앞의 책, 166~168쪽.

38 부승찬, 불온한 상상력 '더티밤', 주간동아 924호(2014.2.10.), 54~55쪽.

39 J. D. 버날(김성연 외 옮김), 『과학의 역사 3, 현대편』, 서울:한울, 1995, 162~168쪽.

40 SIPRI(Stockholm International Peace Research Institute)는 1966년 스웨덴 정부가 출자하여 설립한 기관이지만, 독립적인 외교정책연구소다. 국제분쟁과 협력 관련 과학적 연구를 수행하며, 주요 간행물에는 SIPRI 연감(Yearbook)이 있다.

41 SIPRI, SIPRI Yearbook 2021: Armaments, Disarmament and International Security , Oxford University Press, 2021, p.325.

42 박상섭, 『테크놀로지와 전쟁의 역사』, 경기:아카넷, 2018, 352~353쪽.

43 핵미사일로 선제기습공격을 감행하더라도 상대방이 반격하는 데는 충분한 시간이 주어지기 때문에 선제기습공격으로 상대방의 핵무장을 100% 해체시킬 수는 없다. '상호확증파괴(MAD)' 상황에서 억제력은 선제공격보다는 보복공격에 의해 달성된다고 볼 수 있다. Andrew Futter(고봉준 옮김), 『핵무기의 정치』, 2016, 114~115쪽.

44 조경근, 『핵전쟁은 일어날까』, 경성대학교, 2016, 111~119쪽.

45 김유항·황진명, 『전쟁은 어떻게 과학을 이용했는가』, 경기:사과나무, 2021, 66~70쪽.

46 Ward Wilson(임윤갑 옮김), 『핵무기에 관한 다섯 가지 신화』(Five Myths about Nuclear Weapons), 서울:플래닛미디어, 2014, 53~54쪽.

47 Ward Wilson, 앞의 책, 71~87쪽.

48 스웨이 재인용, Shubik, Martin(1971), "달러 옥션 게임: 비협조적 행동과 에스컬레이션의 역설", Journal of Conflict Resolution, 15(1), 109~111.

49 Andrew Futter(고봉준 옮김), 『핵무기의 정치』(The Politics of Nuclear Weapons), 서울:명인문화사, 2016, 88~89쪽.

50 Ward Wilson, 앞의 책, 14쪽.

51 정욱식, 『글로벌 아마겟돈: 핵무기와 NPT』, 서울:책세상, 2010, 62~63쪽.

52 "A가 마지막 과자를 먹었다"라는 주장을 B가 증명하기 위해서는 마지막 과자가 없어졌을 때 오직 A만 거기에 있었다는 것을 증명해야 한다. 만약 다른 누군가가 있었거나 쥐가 가져갔을 가능성을 배제하지 못한다면 B의 주장은 증명이 어렵다.

53 Andrew Futter(2016), 앞의 책, 165~167쪽.

54 Andrew Futter(2016), 앞의 책, 92~93쪽.

55 정욱식, 앞의 책, 66~69쪽.

56 핵문제연구회, 『핵무3기 스캔들』, 서울:문화발전, 2013, 41~45쪽.

57 Andrew Futter, (2016), 125~147쪽.

58 정욱식, 앞의 책, 76~78쪽.

59 오토 한과 함께 핵분열을 발견한 졸리오 큐리는 핵에너지가 전쟁목적으로 사용되어서는 결코 안 된다고 공공연히 언급하였기 때문에 1959년 미국 원자에너지 고등위원이라는 직책에서 직위해제 되었다. 버날, 앞의 책, 173쪽.

60 마스카와 도시히데(김범수 옮김), 『과학자는 전쟁에서 무엇을 했나』, 서울:동아시아, 2017, 57~71쪽.

61 버날, 앞의 책, 174~175쪽.

62 안준호, 『핵무기와 국제정치』, 경기:열린책들, 2018, 118·132쪽

63 1963년 8월 미국, 소련, 영국 등 3개국이 조인하여 10월 10일 발효된 국제조약으로 정식명칭은 '대기권 내, 우주공간 및 수중에서의 핵무기 실험을 금지하는 조약(The Treaty Banning Nuclear Weapons Tests in the Atmosphere, in Outer Space and Under Water)'이다. 지하 핵실험의 금지는 제외하고 있어(제1조 1b) "부분"이라고 명명하고 있다.

64 NPT(Nuclear Non-proliferation Treaty): 1968년 7월 국제연합(UN)에서 채택, 1970년 3월 5일 발효된 국제조약으로 비핵보유국의 핵무기 보유와 핵보유국의 핵무기 양도를 금지하고 있으며, 정식명칭은 '핵무기의 비확산에 관한 조약'이다.

65 박상섭, 앞의 책, 355~357쪽.

66 SIPRI, 앞의 책, 325~327쪽.

67 정욱식, 앞의 책, 79~81쪽.

68 국방부, 『대량살상무기 이해와 실제』, 2018, 77쪽.

69 미국, 러시아, 영국, 프랑스, 중국, 일본, 독일, 캐나다, 인도, 브라질, 호주, 스위스, 남아공 등 13개국이 항상 이사국으로 지명되고, 나머지 국가는 지역별로 나누어 통상 윤번제로 선출된다.

70 안준호(2018), 앞의 책, 155~157, 161~163쪽.

71 정욱식(2010), 앞의 책, 95~98쪽.

72 정식명칭은 「핵무기의 비확산에 관한 조약」(Treaty on the Non-

Proliferation of Nuclear Weapons)이다.

73 NPT 제6조: 조약당사국은 조속한 시일 내에 핵 군비경쟁의 중지와 핵 군축과 관련한 효과적인 조치와 엄격하고 효과적인 국제적 통제 하에서 전면적이고 완전한 군축에 관한 협상을 성실히 추구할 것을 약속한다.

74 안준호(2018), 앞의 책, 168~169쪽.

75 Andrew Futter(2016), 앞의 책, 142쪽.

76 정욱식(2010), 앞의 책, 102~105쪽.

77 안준호(2018), 앞의 책, 171~172쪽.

78 NPT 제9조(서명·비준·효력발생) 3.(생략)이 조약상 핵무기보유국이라 함은 1967년 1월 1일 이전에 핵무기 또는 기타의 핵폭발장치를 제조하고 폭발한 국가를 말한다.

79 핵문제연구회(2013), 앞의 책, 35~39쪽.

80 Andrew Futter(2016), 앞의 책, 227~228쪽.

81 코스타리카와 말레이시아 정부가 주도하여 2007년 12월 유엔총회에 제출한 조약안의 공식명칭은 '핵무기의 개발·실험·저장·이전·사용 및 사용 위협과 폐기에 관한 협약'이다.

82 정욱식(2010), 앞의 책, 125~132쪽.

83 안준호(2018), 앞의 책, 166~167쪽.

84 정욱식(2010), 앞의 책, 134~132쪽.

85 국방부(2018), 앞의 책, 78쪽.

86 안준호(2018), 앞의 책, 316~317쪽.

87 안준호(2018), 앞의 책, 241~247쪽.

88 안준호(2018), 앞의 책, 314~316쪽.

제5장

나가면서

대량살상무기의 미래

제1절 미래의 대량살상무기 위협

2012년 출범한 스웨덴의 비영리 단체 'Global Challenges Foundation(GCF)'은 세계 인구의 10% 이상을 살상할 수 있는 위협들에 관해 매년 보고서를 내고 있다. GCF는 향후 50년이 10,000년의 인류 생존을 결정짓는 중요한 시기가 될 것이며, 그동안에 인류의 생존을 위협하는 10가지 위협에 핵전쟁과 같은 대량살상무기(WMD)의 위협을 매년 포함하고 있다.[1]

미래의 생물학무기 위협

항생제의 개발로 박테리아나 리케차는 생물학무기로 이용하는 데 한계가 있다. 물론 기존의 항생제에 내성을 가지는 박테리아(슈퍼박테리아)를 만들 수 있지만, 박테리아보다 비교적 덜 복잡하면서 항생제에 잘 견디는 바이러스가 생물학무기로 이용될 가능성이 커졌다. 특히 1970년대에 개발된 유전자 재조합 기술[2]을 이용하면 더욱 독성이 강한 바이러스를 생산할 수 있다.

구소련의 과학자들은 페스트균과 탄저균의 새로운 변종을 비롯한 많은 '슈퍼버그(superbug)'를 만들어냈다. 사람뿐만 아니라 곡물과 가축을 표적으로 개발된 생물학무기는 엄청난 경제적 피해를 끼칠 수도 있다. 또한 금속을 분해하는 능력을 극대화한 미생물을 살포하여 적의 무기를 불능화할 수도 있을 것이다.[3] 유전공학을 이용하면 인종 선별적인 생물학무기도 개발할 수 있다.

1950년대 미국은 특정 인종만을 공격하는 독성이 강한 곰팡이를 찾을 수 있었다고 한다. 실제로 1995년 영국에서 개최된 과학학회에서 러시아 과학자들은 인간에 대한 독성이 매우 낮은 병원균(Bacillus cereus)의 유전자를 탄저균에 주입하여 탄저 백신을 무력화하는 변종 탄저균을 만들 수 있었다고 발표하였다.[4] 또 다른 형태의 위협은 컴퓨터와 DNA 합성기를 이용하여 인공 바이러스를 시험관에서 만들어내는 것이다.

2002년 미국 스토니브룩(Stony Brook) 뉴욕주립대의 에카르드 윔머(Eckard Wimmer) 박사의 연구팀은 컴퓨터에 저장된 소아마비 바이러스의 유전체 정보의 청사진을 DNA 합성기를 이용하여 실제 바이러스를 시험관에서 키운 후에 사람의 세포에 감염시켜 완전한 바이러스를 만들어 냈다. 그러나 큰 위협은 바이러스를 인공적으로 만들면서 돌연변이를 고의로 집어넣어 변종 바이러스를 만들 수 있다는 점이다. 실제로 윔머 박사팀은 19개의 소아마비 변종 바이러스를 만들었다.

또한 2001년 호주 캔버라(Canberra)에 소재한 호주국립대학교의 론 잭슨(Ron Jackson)과 이언 램쇼(Ian Ramshaw) 박사의 연구팀은 쥐의 수를 줄일 수 있는 피임 백신을 개발하기 위해 쥐천연두 바이러스에 난자를 스스로 공격하여 파괴하는 인터루킨-4(interleukin-4, IL-4) 유전자를 삽입하였다. 이 바이러스를 실험용 쥐에 주입한 결과 9일 만에 모두 죽었으며, 백신을 접종한 생쥐의 절반도 죽었다. 쥐천연두 바이러스에 삽입된 인터루킨-4 유전자는 연구팀이 원하는 것과는 달리 쥐의 면역체계를 완전히 파괴해 버렸기 때문이었다.

만일 인터루킨-4 유전자를 이와 유사한 사람의 천연두 바이러스에 적용한다면 더욱 강력하고 절대 막을 수 없는 위력적인 생물학무기가 만들어질 수도 있다.[5] 최근 대유행하고 있는 COVID-19 바이러스는 다양한 돌연변이를 발생시키며 대유행을 지속시키고 있는데, 이와 같이 유전공학을 이용하여 동물에게 전염병을 일으키는 바이러스를 변형시켜 생물학무기로 만들 수도 있을 것이다.[6]

미래의 화학무기 위협

양자화학 기술을 이용하면 새로운 독성 화학작용제 후보물질의 특성과 독성 효과를 쉽게 예측해 볼 수 있다. 이러한 방법으로 신종 화학작용제를 얼마든지 합성할 수 있기 때문에 미래에 큰 위협이 될 것이다. 미래에 위협이 될 신종 화학작용제는 다음과 같은 조건을 고려할 것이다.

첫째, 구조적으로 CWC 규제물질에 포함되지 않는 독성물질을 사용할 것이다. 따라서 현재의 화학무기금지협약(CWC)으로 신종 화학작용제의 개발과 사용을 선제적으로 규제하기가 어렵기 때문이다.

둘째, 이러한 독성물질의 기본구조를 바탕으로 신종 화학작용제를 다양하게 만들어낼 것이다. 이미 구소련이 'Foliant' 프로젝트를 통해 합성한 노비촉은 수백 종류 이상이며, 이 화학작용제들은 그림 1과 같은 기본 구조를 바탕으로 다양한 종류로 합성한 것이다.[7]

셋째, 테러나 암살에 은밀하게 사용할 수 있도록 신종 화학작용제의 독성 효과를 높이고, 해독과 치료가 어렵게 만들 것이다. 이미 A-234의 경우 물 1방울의 10분의 1인 약 3.5㎕로 50%의 살상효과(LD_{50})를 낼 수 있다.[8]

마지막으로 신종 화학작용제는 은밀하게 개발하여 기습 효과를 달성할 가능성이 크다. 화학작용제의 독성효과, 지속시간, 가수분해 속도 등이 적절하게 조화된 신종 화학작용제를 운용할 경우, 신속한 탐지와 대응을 어렵게 만들고 우군의 피해와 작전을 악화시킬 수 있기 때문이다.

그림 1. Novichok의 기본 구조(Scaffolds)

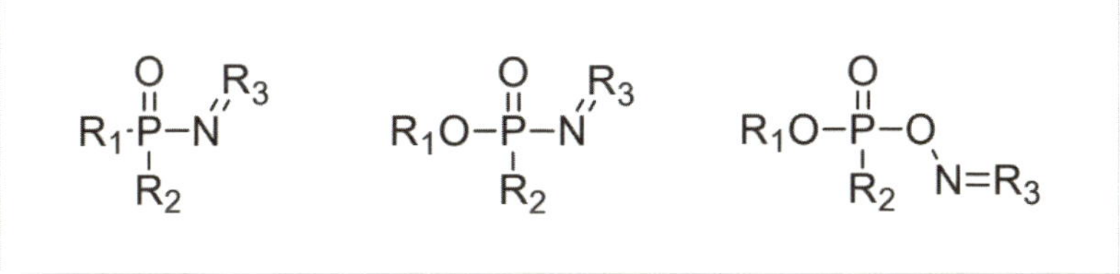

미래의 핵무기 위협

미국의 '핵위협구상(Nuclear Threat Initiative, NTI)' 연구소가 발간한 2020년 'NTI 핵안보지수(Nuclear Security Index)' 보고서에 의하면,

핵무기를 가장 많이 보유하고 있는 미국과 러시아는 미·소 냉전기 이후 다량의 핵무기 군축을 실행에 옮겼다. 그러나 실제 사용이 조금 덜 부담스러울 수 있는 전술핵무기와 하나의 미사일 탄두에 여러 개의 핵폭탄을 장착한 MIRV(Multiple Independently Targetable Reentry Vehicle) 탄두를 개발하여 핵무기를 다종화하였다.[9]

2018년 '핵태세검토보고서(Nuclear Posture Review, NPR)'에 의하면 미국은 러시아와 마찬가지로 핵무기 투발수단으로 1980년 혹은 그 이전에 잠수함발사탄도미사일(submarine launched ballistic missile, SLBM)을 갖춘 탄도미사일원자력잠수함(SS-Ballistic missile-N, SSBN, 전략원잠), 대륙간탄도미사일(intercontinental ballistic missile, ICBM), 공대지순항미사일(Air Launched Cruise Missile, ALCM)을 탑재한 전략폭격기를 보유하고 있다.

미국과 러시아는 강력한 극초음속 비행체(Hypersonic Gliding Vehicle, HGV)와 극초음속 순항미사일(Hypersonic Cruise Missile, HCM)을 개발하고 있다. 러시아는 핵잠수함에서 발사할 수 있는 핵어뢰인 '포세이돈(Poseidon)'을 개발하였으며, 2019년 '포세이돈'의 시험발사 장면을 공개하기도 하였다. 이처럼 미국과 러시아는 핵무기의 숫자는 줄였지만, 핵무기의 효과성을 담보하기 위해 핵무기와 투발수단을 다양화하고 있으며, 이는 핵전쟁의 위험성을 증대시키고 있는 것이다.

또한 스톡홀름국제평화연구소(SIPRI)에 의하면, 공식 핵보유국인 중국과 잠재 핵보유국인 인도와 파키스탄은 매년 핵무기의 수를 늘리고 있으며, 북한의 핵무기 보유량도 매년 증가하고 있다. 이러한 국가들은 더욱 국제적인 핵군축 또는 핵비확산체제를 벗어나려고 할 것이므로, 비핵보유국의 핵무장을 자극하여 핵확산의 위험을 증가시킬 가능성이 크다.[10]

한편 지난 10년 동안 이슬람국가(IS) 등 대규모 테러 집단의 지도자들이 제거됨으로써 대형 핵테러의 위협은 상대적으로 감소하였다. 그러나 많은 국가들이 불평등, 정치 양극화, 인종 등으로 갈등하고 있다. 이로 인해 불만을 표출하기 위해 개인이나 다양한 단체들이 원자력발전소에서 탈취한 핵물질을 이용하여 테러를 자행하거나 테러 위협을 가할 수도 있다. 또한 인공지능, 드론, 사이버 공격 등의 새로운 기술을 이용하여 핵시설을 공격하거나 핵시설 종사자를 포섭하는 방법으로 위해를 가할 수도 있다. 이러한 핵무기 위협은 현재의 핵안보체제로 감당하기 어려울 것이다.

제2절 대량살상무기 테러리즘의 도전

1990년대 이전에는 국가 차원에서 대량살상무기(WMD)를 개발하여 사용하였다. 그러나 1990년대 이후에는 개인이나 비국가 단체에서 은밀하게 WMD를 생산하여 테러에 사용하기 시작하였다. 특히 2001년 9.11테러와 편지를 이용한 탄저균 테러는 국제 테러리즘의 큰 전환점이 되었다.

생물학 테러리즘

WMD 테러 중에서 가장 두렵고 대응이 어려운 것은 아마 생물학테러일 것이다. 생물학테러에 사용되는 병원성 미생물은 눈에 보이지도 않으면서 쉽게 퍼질 수 있으므로 무시무시한 질병을 일으킨다고 대부분 인식하고 있기 때문이다. 탄저균은 2001년에 미국에서 처음으로 테러에 사용되었다. 2001년 9월 16일부터 11월 15일까지 18건의 감염사건(호흡기 감염 11건, 피부 감염 7건)과 4건의 의심사건이 있었으며, 폐탄저병에 걸린 환자 중에서 5명이 사망하였다.

잠재적으로 노출된 사람들도 항생제 투여와 백신 접종을 실시하였다.[11] 미국 환경보호청(EPA)은 탄저균에 오염된 건물을 모두 폐쇄하였고, 이산화염소(ClO_2)를 이용한 표면 제독과 3~6회에 걸친 훈증 이후 제독 여부를 검증하였다. 건물이 다시 개방되기까지는 대략 3~5개월이 소요되었다.[12] 폐탄저병에 걸린 6명과 피부탄저병에 걸린 11명은 살아남았다. 하지만, 수천 명이 예방치료를 받아야 했고, 수만 명이 탄저병에 걸릴지도 모른다는 두려움에 떨었다.

이처럼 미국 본토에서 발생한 초유의 사건으로 생물학테러는 전 세계적인 위협으로 인식되기 시작하였다. 천연두, 에볼라, 코로나-19와 같은 대규모 전염병에 대한 국제적 지원은 인류의 고통을 감소시키는 것은 물론 국제적인 생물학테러의 위협을 줄이는 데 도움이 된다. 이처럼 기존의 주요 감염성 질환뿐만 아니라 신종 감염성 질환을 잘 통제하는 것은 생물학테러의 위협에서 벗어날 수 있는 유일한 길이며, 강대국을 포함한 전 세계적인 협력은 필수 불가결한 것이다.[13]

표 1. 탄저균 테러 사건 현황(2001.9.16.~11.5.)

구 분		계	플로리다	뉴욕	워싱턴	뉴저지	코네티컷
확진환자	피부 감염	7	0	4	0	3	0
	호흡기감염(사망자)	11(5)	2(1)	1(1)	5(2)	2(0)	1(1)
의심환자	피부 감염	4	0	3	0	1	0
	호흡기 감염	0	0	0	0	0	0

화학 테러리즘

어떠한 화학물질을 테러에 사용할 것인지, 어떠한 방법을 화학테러에 사용할 것인지는 예측하기 어렵다. 일본 옴진리교 단체가 벌인 1994년 마츠모토(松本) 테러와 1995년 도쿄(東京) 지하철 테러에서 사린(GB)이 사용되었으며, 2건의 사건으로 19명이 사망하고 5,000명이 넘는 사상자가 발생하였다. 그러나 9.11테러와 유사하게 민간항공기를 이용하여 대규모 화학물질 생산시설이나 저장시설을 공격할 수도 있다.[14]

화학무기금지협약(CWC) 당사국은 자국에서 화학무기가 사용되었다고 의심될 때에는 CWC 제9조와 제10조에 따라 화학무기금지기구(OPCW) 기술사무국에 기술지원을 요청할 수 있다. 2017년 2월 말레이시아 국제공항에서 발생한 김정남 VX 암살 테러, 2018년 3월 영국 솔즈베리에서 발생한 스크리팔 부녀 노비촉 암살 테러, 2020년 8월 시베리아에서 모스크바로 향하는 항공기 내에서 발생한 나발니 노비촉 암살 테러 등에서 말레이시아, 영국 및 독일 정부는 모두 OPCW 기술사무국의 기술지원을 요청하였으며, OPCW는 '기술지원조사팀'을 즉각 현장으로 파견하였다. 당사국과 OPCW의 공동조사를 통해 동일한 독성 화학물질이 사용되었다는 것을 검증하였다. 한편 OPCW 기술사무국은 2014년부터 시리아 내에서 화학무기 사용 의심지역에 사실조사팀(FFM), 합동조사팀(JIM), 식별조사팀(IIT) 등을 파견하여 화학무기의 사용 여부뿐만 아니라 사용 주체까지 확인하고 있다.

그러나 생물공학의 급속한 발전, 그리고 새로운 독소와 미생물의 출현으로 화학무기와 생물학무기의 경계가 불분명해지고 있다. 그 중에서도 인체의 신경계에 치명적인 독성을 나타내는 신경독소는 매우 위협적이다. 미래에는 기존의 독성 화학작용제나 산업용 독성물질(TIC), 신종 독성 화학물질뿐만 아니라 화학무기와 생물학무기의 경계에 있는 생물공학무기도 화학테러에 사용될 수 있다. 따라서 CWC 체제와 국제적 협력 및 지원체계를 더욱 발전시킬 필요가 있다.

핵 테러리즘

핵 테러리즘이란 비국가 단체가 특정한 목적(정치, 종교, 인종, 이데올로기 등)을 위해 핵무기 또는 더러운 폭탄(dirty bomb)을 사용하거나 민간 또는 군의 핵시설을 공격하는 행위를 말한다. 핵 테러리즘이 더욱 위협적인 이유는 핵 테러로 인해 많은 민간인 사상자가 발생하여 대공황을 유발할 수 있을 뿐더러 사실상 핵 테러 주체를 특정하고 즉각 보복하는 것이 어려워 '억제가 제한'되기 때문이다. 목적 달성을 위해 자결하기로 마음을 먹은 테러단체는 '억제가 거의 불가능'하다.

핵 테러를 시도할 가능성이 있는 비국가 단체로는 사이비 종교집단, 종교적 정치집단, 민족주의 무장집단 등이 있다. 핵 테러의 실현 가능성에 대해서는 상반된 견해가 있지만, 앞서 언급한 불법적인 핵확산 네트워크가 존재하는 한 핵 테러리즘의 위협은 사라지지 않을 것이다. 테러단체가 외부의 도움 없이 핵폭탄을 만드는 것은 매우 어렵고 가능성이 아주 낮다. 좀 더 가능성이 있는 방식은 테러단체가 핵폭탄 또는 핵분열물질, 살포장치, 제조기술 등을 은밀하게 획득하는 것이다. 민수용 원자력발전소를 공격하거나 획득이 쉬운 방사성물질로 더러운 폭탄을 만드는 방식도 가능하다.[15]

테러단체는 핵무기를 보유한 국가에서 핵무기를 훔치거나 불량국가로부터 획득할 수 있으며, 불법적인 핵확산 네트워크를 통해 테러에 사용할 수 있을 정도의 핵분열물질과 폭발장치를 불법적으로 구매할 수도 있다. 테러단체가 테러 목적에 활용하려는 핵무기는 국가 차원에서 개발한 핵무기와 같은 폭발력의 신뢰성, 운용의 안전성, 기술적 정교성이 필요하지는 않을 것이다. 폭발력은 TNT의 수백에서 수천 배의 수준이면 충분할 수 있고, 운반수단으로 자동차를 사용할 수도 있다.

국제원자력기구(IAEA)는 1993~2000년 동안 무려 16건의 플루토늄과 농축우라늄의 불법적인 거래가 있었다고 밝혔다. 또 한 가지 우려스러운 사실은 민수용 플루토늄의 비축량이 군사용보다 많을 뿐만 아니라 매년 핵발전소에서 분리된 플루토늄의 양은 급속도로 증가하고 있다.[16] 2019년 기준 전 세계의 고농축우라늄 비축량은 약 1,335톤이며, 분리된 플루토늄의 비축량은 약 520톤(군사용 220톤, 민수용 300톤) 정도로 추산하고 있다.

또한 전 세계에서 14개국의 22개 우라늄농축시설(군사용 3개, 민수용 17개, 이중용도 1개, 불확실 1개)과 10개국의 16개 재처리시설(군사용 5개, 민수용 8개, 이중용도 3개)이 가동중인 것으로 파악하고 있다.[17]

표 2. 고농축우라늄 비축량(2019년)

국 가	비축량(톤)	생산 상황	비 고
계	~1,335		
미 국	565	중단(1992년)	85톤은 군사용으로 사용 불가
러시아	679±120	중단(1987~1988년)	연구용 6톤 포함
영 국	22.6	중단(1962년)	민수용 0.7톤 포함
프랑스	30±6	중단(1996년)	민수용 5.1톤 포함
중 국	14±3	중단(1987~1989년)	
인 도	4.4±1.6	생산 중	해군의 핵발전용 HEU 포함
파키스탄	3.7±0.4	생산 중	
이스라엘	0.3	-	
북 한	불확실	불확실	
기 타	~15		카자흐스탄, 노르웨이 등

표 3. 분리된 플루토늄 비축량(2019년)

국 가	군사용(톤)	군사용 생산 상황	민수용(톤)	비 고
계	~220		~300	81톤은 무기로 사용 불가
미 국	79.7	중단(1988년)	8	41.3톤은 무기로 사용 불가
러시아	128±8	중단(2010년)	61.3	40톤은 무기로 사용 불가
영 국	3.2	중단(1995년)	115.8	해외의 민수용 23.1톤 미포함
프랑스	6±1	중단(1992년)	67.7	해외의 민수용 미포함
중 국	2.9±0.6	중단(1991년)	0.04	
인 도	0.6±0.15	생산 중	6.9±3.7	
파키스탄	0.37±0.1	생산 중	-	
이스라엘	0.96±0.13	생산 중	-	
북 한	0.04	생산 중	-	
일 본	-	-	45.7	영국·프랑스 보유 36.7톤 포함
기 타	-	-	1.9	

일본 옴진리교의 교주 마쓰모토 치즈오는 화생무기 외에 핵무기에도 관심이 있었다. 그는 핵 관련 지식이 있는 간부에게 핵무기 개발을 위한 연구조사를 지시했으며, 1993년 9월 8일부터 18일까지 직접 호주에 가서 우라늄 광맥이 있을 법한 지역을 조사한 후에 가능성이 큰 지역의 목장을 구매하였다. 옴진리교의 기술력과 자금력으로 우라늄을 농축하기 위한 설비와 인력을 확보하기 힘들어 핵무장의 시도는 결국 실패로 돌아갔지만, 종교집단과 같은 비정부 단체도 충분히 핵무장을 시도할 수 있음을 보여주고 있다.[18]

헬판트(Helfand) 등은 테러리스트가 선박을 이용하여 뉴욕항에 들여온 12.5킬로톤의 핵무기가 폭발할 경우 25만 명 이상이 사망할 수 있다고 예측하였다.[19] 포로우(Forrow) 등은 테러리스트가 핵무기가 장착된 핵잠수함을 탈취하여 핵 공격을 감행할 수도 있다고 경고하였다.[20] 또한 테러리스트의 공격으로 핵발전소가 폭발하여 대규모의 방사능이 누출될 수도 있고, 핵연료 수송차량을 탈취하여 방사성물질을 살포할 수도 있다. 다량의 방사성물질 누출은 장기적으로 보건과 환경에 악영향을 미치는 엄청난 재난을 초래할 수 있다.[21]

핵보유국이 과도하게 보유한 핵무기와 핵분열물질, 불법적인 핵확산 네트워크와 이를 이용하려는 비정부 단체 등이 많아질수록 핵 테러리즘의 위협은 증대될 것이다. 핵무기의 확산과 핵 테러리즘의 위협을 방지할 수 있는 실질적이고 근본적인 방법은 국제적으로 검증된 프로그램을 통해 핵무기를 완전히 제거하는 것이다. 이러한 측면에서 기존의 핵무기 군축 및 비확산 체제를 보완하여 발전시키거나 새로운 국제레짐을 형성할 필요성을 다시 한 번 지각해야 한다.

또한 핵 테러리즘을 예방하기 위해서는 먼저 핵보유국 등에서 핵테러에 사용될 수 있는 핵무기나 핵분열물질, 핵 장치 또는 부품이 음성적으로 유출되지 못하게 해야 한다. 궁극적으로는 '핵무기가 없는 세상(a world free from nuclear weapons)'을 위해 핵보유국을 포함한 모든 국가가 실질적인 '핵 폐기' 노력을 기울여야 한다.[22]

제3절 맺는말: 대량살상무기 비확산 레짐의 강화

상대방을 굴복시키기 위한 하나의 무기로 개발된 대량살상무기(WMD)는 가공할만한 살상력과 파괴력으로 인해 정당하고 적법한 무력 사용의 한계를 넘어섰으며, 이미 인류의 생존과 세계평화에 심각한 위협이 되고 있다. 제1차 세계대전 이후 국제사회는 국가 차원의 대량살상무기 개발, 보유 및 사용 등을 규제하기 위한 국제 레짐[23]을 형성하기 위해 노력해 왔다.

핵확산금지조약(NPT)과 핵무기금지조약(TPNW), 화학무기금지협약(CWC)과 생물학무기금지협약(BWC) 등은 대표적인 대량살상무기 관련 군축 및 비확산 레짐이다. 국제안보레짐[24]의 가장 큰 역할은 '안보 딜레마의 해결'이라 할 수 있다. '무정부적 국제체제'에서는 상대방이 보유한 무력을 잠재적 또는 현실적 위협으로 인식하므로 두 국가 이상의 군비경쟁이 촉발되고 최악의 경우에는 전쟁이 발생하게 된다. 국제안보레짐을 형성함으로써 무정부적 국제체제를 '상호의존적 국제체제'로 만들어 안보 딜레마를 해결할 수 있다고 보는 것이다.[25]

이러한 국제안보레짐의 효과성을 증대하는 요인은 일반적으로 패권안정론적 접근법, 게임이론적 접근법, 기능주의적 접근법 및 인식론적 접근법으로 구분하여 설명하고 있다. 패권안정론적 접근법은 현실주의적 관점에서 국제레짐은 '패권국의 힘'에 의해 형성되며, 약소국들은 패권국이 형성한 국제레짐에 참여함으로써 '무임승차'를 통해 이익을 추구한다고 본다. 게임이론적 접근법은 합리적 선택이론에 근거하여 게임이 한 번으로 끝나지 않고 계속 반복되면 죄수의 딜레마에 빠지지 않고 협력이 쉬워진다고 본다. 기능주의적 접근법은 국제안보 상황에 대한 안정성의 증가와 불확실성의 감소 등과 같은 레짐의 기능에 대한 필요와 신뢰가 레짐을 형성하게 한다고 주장한다.

마지막으로 인식론적 접근법은 국가간의 협력과 레짐의 형성은 행위자의 이념, 가치, 신념, 지식 등과 관련되어 있다고 보는 것이다.[26] 결론적으로 국제안보레짐의 효과성을 증대하는 요인은 ① 패권국의 의지와 역할, ② 개별국가의 이익, ③ 보편적 이념 또는 가치 추구 등으로 요약할 수 있다.

또한 무정부적 국제체제에서 상호의존과 협력을 중요시하는 국제레짐은 참여국들의 믿음이 증대될수록 강해지므로, 레짐의 '투명성(transparency)'과 '책임성(responsibility)'도 국제안보레짐의 효과성을 증대할 수 있다.[27] 계량통계적 방법으로 핵확산금지조약(NPT)의 효과성에 영향을 미치는 요인을 분석한 연구에 의하면, ① 강대국의 솔선수범 리더십이 존재할 경우, ② 개별국가의 이익이 증가할 경우, ③ 레짐의 투명성과 책임성이 보장될 경우 레짐의 효과성이 증가한 것으로 나타났다.[28]

한편 건틀루펫(Vayda Gundlupet, 2009)은 표 4에서 보는 것처럼 강대국이 WMD 비확산 레짐의 이행력 강화를 지지하는 세 가지 조건(① 강대국이 약소국을 규제할 필요성이 있을 경우, ② 레짐이 강대국의 자유를 침해하지 않을 경우, ③ 강대국이 지역 강국과 거래가 형성되는 경우)을 분석한 연구에서 두 번째 조건만이 WMD 비확산 레짐의 효과성을 결정하는 유일한 요인이라고 주장하였다.[29]

표 4. 강대국이 레짐을 지지하는 조건과 레짐의 효과성 간의 관계

구 분	강대국이 약소국을 규제할 필요성이 있음	레짐이 강대국의 자유를 침해함	강대국이 지역 강국과 거래를 형성함	레짐의 효과성
핵확산금지조약 (NPT)	YES	NO	대체로 YES	HIGH
화학무기금지협약 (CWC)	YES	NO	일부 YES	HIGH
생물학무기금지협약 (BWC)	YES	YES	YES	LOW

표 5. 강대국이 레짐을 지지하는 실행결정요건 분석

구 분	핵확산금지조약 (NPT)	포괄핵실험금지조약 (CTBT)	화학무기금지조약 (CWC)	생물학무기금지조약 (BWC)
레짐이 강대국의 자유를 구속하지 않는 경우	○	×	○	×
레짐이 강대국의 경제적 이익을 침해하지 않는 경우	-	-	○	×
강대국과 지역 강국이 레짐 이행에 대한 보상으로 거래를 형성하는 경우	○	×	○	×
강대국과 지역 강국 간의 기술격차가 작은 경우	작음	큼	작음	큼
레짐의 성패	성 공	실 패	성 공	실 패

박기철(2021)은 표 5에 제시한 것처럼 19개 WMD 비확산 레짐 중에서 대표적인 핵무기 비확산 레짐인 핵확산금지조약(NPT)과 포괄핵실험금지조약(CTBT), 화생무기 비확산 레짐인 화학무기금지협약(CWC)과 생물학무기금지협약(BWC)의 사례연구를 통해 강대국은 행동의 자유를 침해하지 않고, 경제적 이익이 침해되지 않으며, 주변강국과 거래 형성이 가능하고, 기술격차가 적은 레짐을 지지한다고 결론지었다.[30]

앞에서 살펴본 바와 같이 WMD 비확산 레짐의 효과성과 이행력에 있어서 강대국 또는 패권국의 지지가 결정적으로 영향을 미치고 있다는 사실을 거부할 수는 없다. 따라서 레짐에 대한 강대국의 지지에 영향을 미치는 요인을 밝히는 것은 레짐의 미래를 예측하여 효과성을 보장하기 위한 노력의 방향을 결정하는 데 중요하다. 이러한 관점에서 현실주의적 국제안보의 불확실성을 자유주의적 국제레짐의 안정성으로 상쇄시켜 궁극적으로 인류의 생존과 국제평화를 가져올 수 있다면 대량살상무기(WMD)의 위협을 감소 또는 제거하기 위한 연구와 협력의 유용성이 담보될 수 있을 것이다.

참고문헌

1 https://globalchallenges.org/global-risks/weapons-of-mass-destruction/(검색일: 2021.10.15.)

2 어떤 생물의 유전자 중에서 유용한 유전자만을 취해 다른 생물체에 삽입하여 새로운 품종을 만들어 내는 기술을 말한다.

3 맥스 부트(송대범·한태영 옮김), 『전쟁이 만든 신세계』(원제: Made in War), 서울:플래닛미디어, 2008, 860~861쪽.

4 배우철, 『생물학무기』, 경기:살림출판사, 2012, 76~77쪽.

5 천종식, 『고마운 미생물, 얄미운 미생물』, 서울:솔출판사, 2020, 168~173쪽.

6 Judith Miller, Stephen Engelberg and William Broad(김혜원 옮김), 『세균전쟁』(GERMS: Biological Weapons and American's Secret War), 서울:황금가지, 2002, 426쪽.

7 Chai, P. R. et al.(2018), Novichok Agents: A Historical, Current, and Toxicological Perspective, Toxicology Communications, 2, 45~48.

8 Nepovimova, E. & Kuca, K.(2018), Chemical Warfare Agent NOVICHOK: Mini-review of Available Data, Food & Chemical Toxicology, 212, 343~350.

9 https://www.ntiindex.org/wp-content/uploads/2020/09/2020_ NTI-Index_Report_Final.pdf(검색일: 2021.10.15.)

10 https://sipri.org/sites/default/files/2021-06/yb21_10_wnf_210613.pdf(검색일: 2021.10.15.)

11 Levy, Barry S. and Sidel, Victor W.(유승흠 외 옮김), 『테러시대의 생존전략』(Terrorism and Public Health), 한국의학원, 2005, 124쪽.

12 Rupert, R. et al.(2003), Federal On-scene Coordinator's Report for the Capital Hill Site Washington, DC, EPA, pp.26~100.

13 Levy & Sidel(2005), 앞의 책, 232~233쪽.

14 Levy & Sidel(2005), 앞의 책, 249~251쪽.

15 Andrew Futter(고봉준 옮김), 『핵무기의 정치』(The Politics of Nuclear Weapons), 서울:명인문화사, 2016, 254~258쪽.

16 Levy & Sidel(2005), 앞의 책, 263~264, 267쪽.

17 우라늄농축시설은 미국(1), 러시아(4), 영국(1), 프랑스(1), 중국(4), 인도(1), 파키스탄(2), 북한(1), 이란(2), 일본(1), 독일(1), 브라질(1), 아르헨티나(1), 네덜란드(1) 등에서 가동하고 있으며, 재처리시설은 미국(1), 러시아(2), 영국(1), 프랑스(2), 중국(1), 인도(4), 파키스탄(2), 이스라엘(1), 북한(1), 일본(1) 등에서 운영하고 있다. SIPRI, SIPRI Yearbook 2020: Armaments, Disarmament and International Security, Oxford University Press, 2020, 386~393.

18 네티즌 나인, 『일본 VS 옴진리교』, 경기:박하, 2018, 116~117쪽.

19 Helfand, I., Forrow, L. & Tiwari, J.(2002), Medical Effects of a Nuclear Terrorist Attack, BMJ(British Medical Journal), 324, pp.356~359.

20 Forrow, L. & Helfand, I.(1998), Accidental Nuclear War-A Post War-Cold War Assessment, The New England Journal of Medicine, 338, pp.1326~1331.

21 Levy & Sidel(2005), 앞의 책, 269~270쪽.

22 Andrew Futter(2016), 앞의 책, 261~262쪽.

23 레짐의 개념과 정의는 다양하지만, 국제레짐을 '국제관계의 특정 영역에서 행위자의 기대하는 바가 수렴되는 명시적 혹은 묵시적인 원칙, 규범, 규칙 그리고 의사결정 절차의 총체(set of implicit or explicit priciples, norms, rules, and decision-making procedures around which actors' expectations converge in a area of international relations)'로 정의한 크라스너(Stephen D. Krasner)의 정의가 가장 보편적인 정의로 받아들여지고 있다. Krasner, Stephen D., International Regimes, Ithaca: Cornell University Press, 1983, p.2.

24 국제안보레짐은 '국제적 안보영역에 있어서 국가들의 행위를 규정하기 위해 둘 또는 그 이상의 국가간에 체결된 협정 및 제도'를 말한다. 홍기준(1998), 안보레짐의 형성: CSCE/OSCE 사례연구, 국제정치논총, 38(1), 66쪽.

25 김열수(2002), 국가안보레짐: 사례별 이론의 적실성 평가, 『21세기 국제안보 환경과 협력적 안보레짐 구축』, 안보연구시리즈 3(2), 국방대학교 안보문제연구소, 178~180쪽.

26 Haggard, Stephen and Simmons, Beth(1987), Theories of International Regimes, International Organization, 41(3), pp.491~517.

27 박건(2000), 동북아지역 안보레짐 형성의 전망과 적용, 동아대학교 대학원 박사학위논문, 20.

28 김성일(2004), 대량살상무기(WMD) 관련 국제안보레짐의 효과성에 영향을 미치는 요인 분석: 핵확산금지조약(NPT)를 중심으로, 한국외국어대학교

대학원 석사학위논문, 50~58쪽.

29 Gundlupet, Vayda(2009), Big Sticks and Contested Carrots: A Power-Centric Theory of International Security Regime, The Program on International Security Policy(PISP) Workshop, University of Chicago.

30 박기철(2021), 대량살상무기(WMD) 비확산레짐의 성패에 관한 사례연구: 강대국의 실행 결정요인을 중심으로, 동북아논총, 26(2), 18쪽.